Carl-Auer

Sonja Radatz

Einführung in das systemische Coaching

2006

Über alle Rechte der deutschen Ausgabe verfügt Carl-Auer-Systeme
Verlag und Verlagsbuchhandlung GmbH Heidelberg
Fotomechanische Wiedergabe nur mit Genehmigung des Verlages
Satz: Verlagsservice Hegele, Dossenheim
Umschlaggestaltung: Goebel/Riemer
Printed in Germany
Druck und Bindung: Freiburger Graphische Betriebe, www.fgb.de

ISBN 13: 978-3-89670-519-8
ISBN 10: 3-89670-519-9

Erste Auflage, 2006
© 2006 Carl-Auer-Systeme, Heidelberg

Bibliografische Information Der Deutschen Bibliothek
Die Deutsche Bibliothek verzeichnet diese Publikation
in der Deutschen Nationalbibliografie; detaillierte bibliografische
Daten sind im Internet über http://dnb.ddb.de abrufbar.

Informationen zu unserem gesamten Programm, unseren Autoren
und zum Verlag finden sie unter: www.carl-auer.de.

Wenn Sie unseren Newsletter zu aktuellen Neuerscheinungen
und anderen Neuigkeiten abonnieren möchten, schicken Sie
einfach eine leere E-Mail an: carl-auer-info-on@carl-auer.de.

Carl-Auer Verlag
Häusserstraße 14
69115 Heidelberg
Tel. 0 62 21-64 38 0
Fax 0 62 21-64 38 22
E-Mail: info@carl-auer.de

Inhalt

Danksagung ... 11

1. Coaching – ein gemeinsamer Tanz ... 13
   1.1 Was ist systemisches Coaching? ... 16
   1.2 Die systemische Haltung als Grundlage des Coachings ... 18
   1.3 Die Darstellung von Zusammenhängen im evolutionären Relationsmodell ... 20
      1.3.1 Unsere Identität ... 24
      1.3.2 Unsere Denkprozesse (nach innen) und Handlungsmuster (nach außen) ... 28
      1.3.3 Unsere Entscheidungsstrukturen ... 28
      1.3.4 Unsere intra- und interrelationalen Kommunikationsstrukturen ... 28
      1.3.5 Unsere Spielregeln für die operativen Handlungen ... 29
   1.4 Ansatzpunkte der persönlichen Veränderung im Coaching ... 29
   1.5 Sieben Voraussetzungen für die Umsetzung der systemischen Coachinghaltung in die Praxis ... 30
      1.5.1 Lethologische Begabung ... 30
      1.5.2 Vertrauen und Wertschätzung ... 31
      1.5.3 Eigene Ziele und Hypothesen loslassen ... 31
      1.5.4 Freiwilligkeit des Coachinggesprächs ... 32
      1.5.5 Unterstützung anderer bei ihrer Lösung ... 32
      1.5.6 Dissoziieren 33
      1.5.7 Bei jedem Coaching lernt (auch) der Coach ... 33

2 Infrage stellen und fragen ... 34

- 2.1 Eigenschaften systemischer Fragestellungen ... 35
  - 2.1.1 Systemische Fragen sind offene Fragen ... 35
  - 2.1.2 Systemische Fragen bringen diejenigen zum Denken, die eine Lösung suchen ... 36
  - 2.1.3 Systemische Fragestellungen können situationsoptimierend oder verhaltensoptimierend sein ... 37
  - 2.1.4 Systemische Fragen zielen darauf, die Zukunft zu optimieren ... 37
  - 2.1.5 Systemische Fragen fragen nach dem Tun und nicht nach dem Sein ... 37
  - 2.1.6 Systemische Fragen sind lösungsfokussiert ... 38
  - 2.1.7 Systemische Fragen beziehen sich immer auf die Optimierung des Systems ... 38
  - 2.1.8 Systemische Fragen fokussieren auf das Innen – und nicht auf das Außen ... 38
  - 2.1.9 Systemische Fragen sind niemals Suggestivfragen ... 39
- 2.2 Arten von systemischen Fragestellungen ... 39
  - 2.2.1 Ziel-, lösungs- und ressourcenorientierte Fragen ... 40
  - 2.2.2 Verhaltensfragen statt Fragen zur Situation ... 40
  - 2.2.3 Fragen nach Unterschieden ... 40
  - 2.2.4 Beschreibende, erklärende und bewertende Fragen ... 41
  - 2.2.5 Fragen zum Infragestellen von Handlungsmustern ... 41
  - 2.2.6 Dissoziationsfragen ... 41
  - 2.2.7 Hypothetische Fragen ... 41
  - 2.2.8 Paradoxe Fragen ... 41
  - 2.2.9 „Verrückte" Fragen ... 42

3 Der Ablauf systemischer Coachings ... 43
  3.1 Start und Problemdefinition ... 44
  3.2 Zielerarbeitung ... 45
  3.3 Ein klarer Auftrag ... 48
  3.4 Lösungsfokussierung: Kriterien der Zielerreichung festlegen ... 49
  3.5 Lösungserarbeitung und Skala zur Erfolgsüberprüfung ... 50
  3.6 Maßnahmenbildung ... 52

4 Der Umgang mit unterschiedlichen situativen Verhaltensweisen der Coachees im Coachinggespräch ... 55
  4.1 Situatives Verhalten eines „Kunden" ... 55
  4.2 „Co-BeraterInnen" ... 55
  4.3 „Klagende" ... 56
  4.4 „BesucherInnen" ... 56

5 Coachinginstrumente in der Praxis ... 58
  5.1 Die Anwendung gewöhnlicher systemischer Fragen ... 59
  5.2 Als nicht erfolgreich bewertete Handlungsmuster unterbrechen ... 61
    5.2.1 Problemerfassung ... 61
    5.2.2 Ziel ... 61
    5.2.3 Auftrag ... 61
    5.2.4 Lösungsfokussierung ... 62
    5.2.5 Lösungserarbeitung ... 62
    5.2.6 Maßnahmen ... 63
  5.3 Einbeziehung virtueller Experten ... 64
    5.3.1 Problemschilderung, Ziel, Auftrag ... 65
    5.3.2 Lösungsfokussierung ... 66
    5.3.3 Lösungserarbeitung, Maßnahmen ... 66
  5.4 Einbeziehung virtueller Unbeteiligter ... 66
    5.4.1 Problemschilderung, Zielformulierung und Auftrag ... 67

- 5.4.2 Lösungsfokussierung ... 67
- 5.4.3 Lösungserarbeitung (Skala) ... 67
- 5.4.4 Erarbeitung von Maßnahmen ... 68
- 5.5 Innere Stimmen ... 68
  - 5.5.1 Problemschilderung, Zielerarbeitung, Auftragsformulierung mit dem Coachee ... 69
  - 5.5.2 Detail-Problemschilderung mit Hilfe der inneren Stimmen ... 69
  - 5.5.3 Detail-Zielerarbeitung mit Hilfe der inneren Stimmen ... 70
  - 5.5.4 Detail-Lösungsfokussierung mithilfe der inneren Stimmen ... 70
  - 5.5.5 Lösungsarbeit ... 71
  - 5.5.6 Maßnahmen ... 71
- 5.6 Räumliche und/oder zeitliche Dissoziierung ... 71
  - 5.6.1 Problem, Ziel und Auftragsklärung ... 71
  - 5.6.2 Lösungsfokussierung ... 71
  - 5.6.3 Lösungsgestaltung und Maßnahmenerarbeitung ... 72
- 5.7 Coaching-Goldwaage ... 72
  - 5.7.1 Problemdefinition, Zielfestlegung, Auftragsvereinbarung ... 73
  - 5.7.2 Lösungsfokussierung ... 73
  - 5.7.3 Lösungsgespräch ... 73
  - 5.7.4 Entscheidung ... 74
- 5.8 Rollenwechsel im Coaching ... 74
  - 5.8.1 Problembeschreibung, Zielklärung, Auftragsdefinition ... 75
  - 5.8.2 Lösungsfokussierung ... 75
  - 5.8.3 Lösungsgespräch ... 76
- 5.9 360°-Coaching ... 76
  - 5.9.1 Problemdefinition, Zielklärung, Auftragsfestlegung ... 76
  - 5.9.2 Lösungsfokussierung ... 76

5.9.3 Lösungsgespräch und Maßnahmen ... 77
5.10 Personifizierung von Symptomen ... 77
    5.10.1 Problemdefinition, Ziel und Auftrag ... 80
    5.10.2 Lösungsfokussierung ... 81
    5.10.3 Lösungsgespräch ... 81
    5.10.4 Maßnahmen ... 82
5.11 Symbolisierung mit Bausteinen bzw. Alltagsgegenständen ... 82
    5.11.1 Problemdarstellung sowie Ziel und Auftrag bilden ... 83
    5.11.2 Lösungsfokussierung ... 84
    5.11.3 Lösungsgespräch ... 84
    5.11.4 Maßnahmen ... 85

6 Spezielle Coachingabläufe für spezielle Situationen ... 86
6.1 Hot-Shot-Coaching ... 86
6.2 Coaching im Mentoringprozess ... 88
6.3 Die Anwendung von Coaching in Verhandlungen ... 89
6.4 Konfliktcoaching ... 91
6.5 Bottom-up-Coaching ... 96

7 Die Verwendung von Coachingpartikeln im Alltagsgespräch ... 99
7.1 Von der Problembesprechung zur Frage nach dem Ziel ... 99
7.2 In jedem Gespräch: Auftrag holen ... 100
7.3 Den Gesprächspartner arbeiten lassen – mithilfe systemischer Fragetechniken ... 100
7.4 Schweigen ... 100
7.5 Skalenfragen ... 101
7.6 Welche Frage sollte ich Ihnen als Nächstes stellen? ... 101

8 Hilfreiche Selbstcoachingkonzepte ... 103
8.1 Ein Erklärungsmodell zur Entstehung und Veränderung unserer persönlichen Strukturen ... 104
8.2 Ansatzpunkte zur Veränderung unserer Denk- und Handlungsprozesse ... 111
8.3 Die systemische Selbstcoaching-Toolbox ... 113
    8.3.1 Selbstcoachingtool für die Arbeit an der eigenen Identität ... 113
    8.3.2 Tools für das Prozessselbstmanagement ... 114
    8.3.3 Tools für die Optimierung persönlicher Entscheidungsstrukturen ... 116
    8.3.4 Tools für die Optimierung der persönlichen Kommunikationsstrukturen ... 116
    8.3.5 Selbstcoachingtools für die Arbeit an den persönlichen „Spielregeln" ... 118

Literatur ... 121
Über die Autorin ... 123

Danksagung

Viele Menschen haben mich in den letzten 15 Jahren meiner Coachingpraxis begleitet, und von allen durfte ich lernen. Aus tiefstem Herzen danken möchte ich Heinz von Foerster, der mir durch sein Bild der Teil-der-Welt-Haltung (s. Abschnitt 1.2) nicht nur eine neue Welt eröffnet hat, sondern durch den ich auch eine völlig neue Perspektive in meinem beraterischen Verständnis entwickelt habe. Humberto Maturana zeigt mir durch sein Modell der Autopoiesis immer wieder die Grenzen meiner Arbeit als Coach auf. Mein Dank gilt auch Steve de Shazer und Insoo Kim Berg, die mit ihrer lösungsfokussierten Kurzzeitberatung und den darin verwobenen Skalenfragen einen ganz wesentlichen Beitrag zu dem Coaching geleistet haben, wie ich es heute anwende; aber auch ihrer beider gemeinsamen Wurzeln, Paul Watzlawick und seinen Kollegen am *Mental Research Institute* in Palo Alto, deren problemfokussierter, oft höchst paradoxer Fragen ich mich oft bediene, um Menschen zu helfen, aus ihrer Problemsituation heraus etwas *anderes* zu tun – auch wenn ihnen ihre Situation noch so verkorkst erscheint.

Von Gunther Schmidt habe ich viele wunderbare Konzepte, Modelle und Fragestellungen, wie etwa die Frage nach dem Bewahrenswerten in einer Situation, das Konzept der Lösungsfokussierung oder die „heilige Zeit des Coachees zum Nachdenken", zum Teil in veränderter Form, übernommen. Auch das Instrument der Personifizierung von Symptomen und das Instrument „innere Stimmen" sind von ihm entlehnt bzw. basieren meines Wissens auf seinen Überlegungen. Das Instrument der Symbolisierung mit Bausteinen habe ich erstmals bei Peter Frenzel gesehen. Und der von Fritz Simon verwendete Begriff der grammatischen Regeln hat im evolutionären Relationsmodell einen zentralen Platz gefunden.

Besonders bedanken möchte ich mich auch bei Oliver Bartels, meinem Partner am deutschen Standort des *Instituts für systemisches Coaching und Training (ISCT)*, der sehr viel zur Weiterentwicklung meiner Grundgedanken im Coaching, aber auch maßgeblich dazu beigetragen hat, dass dieses Buch letztendlich entstanden ist und fertig geschrieben wurde.

Aber auch alle anderen, die hier nicht namentlich erwähnt werden, möchte ich nicht übergehen, sondern ihnen dafür danken, dass sie mich begleitet, instruiert und inspiriert haben: Denn letztendlich konnte und kann ich in jedem Coachinggespräch und von jedem einzelnen Teilnehmer in meinen Seminaren und Lehrgängen etwas über mich und für mich lernen und mich so als Teil unserer gemeinsamen Welt weiterentwickeln.

Danke für den gemeinsamen Weg!

Sonja Radatz

1. Coaching – ein gemeinsamer Tanz

Coaching ist in aller Munde – und wird vor allem überall praktiziert, zumindest wenn man den Werbeprospekten, den Plakaten und diversen Vertretern von Unternehmen Glauben schenken darf: Da wird ein „Finanzcoaching" angeboten, im Autohandel gibt es ein „Verkaufscoaching", Versicherungen werden nicht mehr gekeilt, sondern in „Versicherungscoachings" (vermutlich nicht anders als früher) an Mann oder Frau gebracht, der Wellnesscoach steht uns tapfer zur Seite, wenn wir im Dampfbad schwitzen, und der Gesundheitscoach (meist zur Verfügung gestellt von unserer Krankenversicherung) sorgt dafür, dass wir uns beim Sport nicht wehtun (denn das würde ja auf Umwegen der Versicherung wehtun). Und natürlich nicht zu vergessen jegliches Gespräch kreuzbraver, traditioneller Berater, das ab sofort nur noch „Coaching" genannt wird.

Angesichts so viel bewiesenen Alltags-Know-hows stellt sich natürlich schon zu Beginn des Buches die Frage, warum dann ausgerechnet (noch) ein Coachingbuch geschrieben werden sollte. Damit die Menschen „mehr desselben" machen können? Oder sie noch raffinierter versuchen können zu erreichen, was sie erreichen wollen?

Viele Personalentwickler, Führungskräfte, Berater und Trainer, die am *Institut für systemisches Coaching und Training* in Wien eine Coachingausbildung absolvieren, stellen sich zu Beginn sehr selbstbewusst als „Coachs" vor, die bereits seit Jahren „coachen" und ihrer Arbeit mithilfe der Weiterbildung eben nur noch den letzten Schliff verpassen wollen. Interessanterweise versiegen ihre Stimmen nach nur wenigen Stunden, wenn es um Coaching geht, wie wir es definieren. Ihnen wird bald klar, was *systemisches*

1. Coaching – ein gemeinsamer Tanz

Coaching kann (aber auch, was es vom Coach erfordert), das andere „Coachingformen" nicht haben und auch nicht erfordern.

Systemisches Coaching sieht unglaublich leicht aus – wenn man die Gelegenheit hat, es sich quasi „von außen" anzusehen. Es ist ein Tanz zwischen Coach und Coachee, bei dem der Coach dem Coachee die passenden Fragen stellt, damit Letzterer im Gespräch – im gemeinsamen Tanz – passende Lösungen zu dem von ihm angesprochenen Problem bildet. Im Idealfall fliegen die beiden über das Parkett, wiegen sich im Rhythmus der Musik, die den Ton angibt, und weichen geschickt allen Hindernissen aus, die sich ihnen im Raum bieten. Hier scheint Coaching beiden Spaß zu machen, auch wenn es dem Zuseher unmöglich gelingen kann, die einzelnen Tanzschritte voneinander zu trennen oder gar „objektiv zu analysieren". Systemisches Coaching ist ein Tanz zwischen gleichwertigen Partnern, von denen nicht einer über mehr und der andere über weniger Wissen verfügt und der „Klügere" pausenlos versucht, den „Dummen" über die „richtigen" Tanzschritte zu belehren; sondern einer der Partner führt über Fragen, und der andere führt über die Tanzfiguren, die er auf dem Parkett vollbringt, und beide Partner passen sich im Idealfall laufend aneinander an – in Form, Dynamik, Ausführung und nonverbalem Ausdruck.

Tanzen macht Spaß – wenn man den passenden Partner hat, der Rahmen zwischen den Tänzern optimal abgesteckt ist und vor allem beide Tanzpartner ihre spezifischen Tanzschritte beherrschen; allerdings nicht für sich, denn Trockentraining allein macht noch keinen Tanz aus, sondern in Wechselwirkung mit dem jeweils anderen. Und ein solcher Tanz lässt sich auch nicht bis ins Detail planen, denn bei jedem Schritt erfolgen neuerlich Anpassungen, die wiederum veränderte Ausgangsbedingungen für den darauf folgenden Schritt schaffen. So gesehen, ist ein Tanz etwas, auf das man sich einlassen muss – ohne zu wissen, worauf man sich genau einlässt. Aber immerhin besteht ja die Möglichkeit, abrupt stehen zu bleiben – den Tanz abzubrechen –, wenn einem von der Dynamik schwindlig geworden ist oder man sich in einer Ecke verhed-

1. Coaching – ein gemeinsamer Tanz

dert hat. Und dann kann die Situation in Ruhe besprochen werden, bevor man sich wieder dem Tanz ergibt.

Und Tanzen ist harte Arbeit – zumindest, solange die einzelnen Schritte noch nicht automatisiert ablaufen und es unglaublich anstrengend ist, den Tanzablauf und die einzelnen Schrittkombinationen nicht nur an den Partner anzupassen, sondern auch noch auf die Musik abzustimmen und sich dazu freudig-entspannt zu geben.

Und genau deshalb ergibt es aus meiner Sicht Sinn, dieses Buch zu schreiben: Denn systemisches Coaching scheint simpel zu sein, wird aber von seinen Anwendern nicht als „easy" bezeichnet – schon allein aus dem Grund, weil es eben aus meiner Sicht nicht ein „Tool" ist, das wie viele andere Punkt für Punkt beschreibungsgetreu abgearbeitet werden kann, sondern weil es aus einer Haltung entspringt, die ich als Voraussetzung für das erfolgreiche Coaching im hier beschriebenen Sinne ansehe und gleichzeitig ein Tool, das nicht vorgeplant werden kann, weil wir nie im Voraus wissen können, mit welchen Themen der Coachee auf uns zukommt.

Und genau an dieser Haltung scheiden sich die Geister zwischen jener Gruppe, die Coaching als ein Werkzeug wie viele sieht und jetzt eben auf der Coachingwelle mitschwimmt – und dieses genauso bereitwillig auch wieder gegen ein neues austauschen wird; ähnlich, wie bereits Total Quality Management von ISO 9000 ausradiert wurde (oder war es doch umgekehrt?); und jener anderen Gruppe, die eine Chance sieht, mithilfe von Coaching das eigene Führungsdenken neu zu ordnen und zu organisieren bzw. eine grundlegend neue und andere Form der Beratung anzubieten, die zu jener radikal veränderten Welt passt, die wir bereits seit einigen Jahren erleben und wenn auch aufs Erste scheinbar unmerklich, so doch wesentlich mitgestalten.

1. Coaching – ein gemeinsamer Tanz

1.1 Was ist systemisches Coaching?

Was ist nun systemisches Coaching – und wie lässt es sich aus meiner Sicht am besten von anderen Formen des Coachings unterscheiden, die ebenfalls angeboten und praktiziert werden?

Systemisches Coaching ist aus meiner Sicht Beratung ohne Ratschlag – eine Beziehung zwischen Coach und Coachee, in der der Coach die Verantwortung für die Gestaltung des Coachingprozesses und der Coachee die inhaltliche Verantwortung übernimmt – also die Verantwortung dafür, an seinem Problem zu arbeiten. Damit wird auch deutlich, worum es im systemischen Coaching geht – nicht etwa darum, Menschen „zu etwas zu bewegen", ihnen etwas „zu verkaufen" oder sie im Sinne eines Höher, Weiter, Schneller „zu höheren Leistungen zu pushen", sondern maßgeschneidert mit ihnen an konkret anstehenden Problemen zu arbeiten und diese in möglichst effizienter Zeitnutzung zu lösen.

Diese Probleme können unterschiedlichen Lebensbereichen entspringen: dem Spannungsfeld Beruf (etwa: „Welches sind nächste passende Entwicklungsschritte für mich?"), Organisation (etwa: „Welche Herausforderungen werden in den nächsten Jahren auf unser Unternehmen zukommen?", oder Privatleben bzw. Selbstmanagement (etwa: „Wie schaffe ich es, mit meinem Partner langfristig ein erfülltes Leben zu führen?"; oder: „Wie kann ich Verhaltensmuster, die keinen Erfolg mehr haben, verändern?"); oder sie können *zwischen* diesen Spannungsfeldern angesiedelt sein (z. B. als Thema, das Organisation, Beruf und Privatleben gleichermaßen tangiert, etwa: „Wie kann ich einen optimalen Beitrag zum Erfolg meines Unternehmens leisten, der meine beruflichen Fähigkeiten gut nutzt und mir die Möglichkeit gibt, mein Privatleben ausreichend zu berücksichtigen?" (Radatz 2000).

So ergeben sich sieben Anwendungsbereiche systemischen Coachings (siehe Abb. 1).

1.1 Was ist systemisches Coaching?

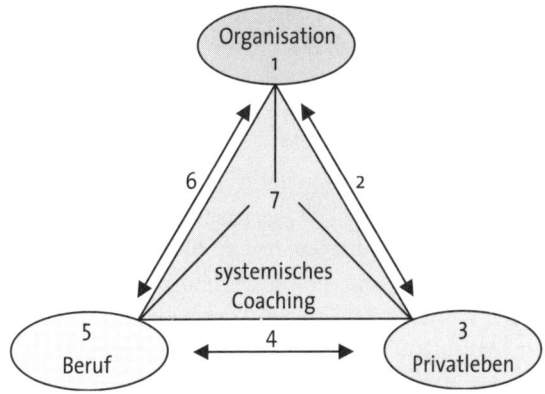

Abb. 1: Anwendungsbereiche systemischen Coachings

Damit geht es im systemischen Coaching darum, maßgeschneidert Menschen zu helfen – sei es im Führungs-, im Beratungs-, im Verkaufs- oder in anderen Kontexten (etwa der Therapie, der Kindererziehung oder der Partnerschaft) –, indem man sich ihrer eigenen Problemlösungsfähigkeit bedient. Denn wenn wir täglich unsere Wirklichkeit nicht „erleben", sondern sie uns konstruieren, dann sind wir mit Sicherheit fähig, uns nicht nur unsere Probleme zu konstruieren (zu „erschaffen" und mit viel Aufwand an Energie am Leben zu erhalten), sondern auch die dazu passenden Lösungen zu konstruieren; und das können nur wir selbst, wenn es um unsere ganz persönliche Wirklichkeit gibt.

Gelegenheiten für systemisches Coaching gibt es, gerade was das Spannungsfeld Arbeitsplatz angeht, unzählige: Schließlich werden die Aufgaben und Entscheidungen, mit denen wir konfrontiert sind, jeden Tag komplexer und anspruchsvoller – bei kontinuierlich steigendem Zeitdruck. Da tut es gut, anstehende Themen mit einem Coach besprechen und adäquat lösen zu können, sich dabei in den persönlichen Handlungsmustern nachhaltig weiterentwickeln zu können und eine gute Grundlage für die Lösung zukünftiger ähnlich gelagerter Probleme zu schaffen – sei es nun mithilfe der eigenen Führungskraft, eines Personalentwicklers bzw. unternehmensinternen oder externen Coachs.

1.2 Die systemische Haltung als Grundlage des Coachings

Wir haben als Menschen – und natürlich auch in unserer Funktion als Coachs – die Möglichkeit, uns bewusst zwischen zwei sehr grundlegend unterschiedlichen Arten, die Welt zu sehen, zu entscheiden. Und je nach unserer Entscheidung für eine Haltung werden wir zwei sehr unterschiedliche Arten von Coachings anbieten.

Die im Abendland sehr weit verbreitete Haltung ist die von Heinz von Foerster so genannte *Gucklochhaltung*.

Entscheiden wir uns für diese Haltung, so sehen wir uns, metaphorisch gesprochen, vor einer geschlossenen Tür und sehen durch ein Guckloch das, was dahinter passiert. Das, was dahinter passiert, hat nichts mit uns zu tun – wir können es also „von außen", quasi „objektiv", betrachten. Und wenn wir dieser Haltung folgen, dann können wir auch in einem Coaching als außen Stehender fungieren, als jemand, der den „Überblick" hat und das „objektiv Richtige" raten kann.

Die andere, insbesondere im Business noch nicht sehr intensiv gelebte Haltung nennt Heinz von Foerster die *Teil-der-Welt-Haltung*: Wir sind ein Teil des sozialen Systems, das wir beschreiben; und indem wir handeln, beeinflussen wir stets das gesamte soziale System, an dem wir teilnehmen und teilhaben.

Damit hat jede unserer Handlungen Auswirkungen, die wir stets bewusst beachten sollten. Anders formuliert, sind wir den sozialen Systemen, in denen wir Mitglied sind, nicht hilflos ausgeliefert, denn wir bestimmen sie in jeder Sekunde mit. Und wenn etwas nicht so läuft, wie wir es uns vorstellen, können wir uns einerseits fragen, wie wir das hingekriegt haben – und unser Verhalten ändern.

Andererseits steht es uns aber auch jederzeit frei, ein soziales System (eine „Welt") zu verlassen, wenn wir es als nicht mehr pas-

1.2 Die systemische Haltung als Grundlage des Coachings

send erleben oder wenn wir merken, dass unsere Handlungen nicht (mehr) zu den entsprechenden erwarteten Veränderungen im System führen – auch wenn wir dieses Verlassen oft als sehr schwierig empfinden und unsere Vergangenheit in Form des Lebens in unterschiedlichen sozialen Systemen stets in Form von „Erfahrungen" mit uns mittragen.

Gleichzeitig muss uns klar sein, dass wir jene Systeme, an denen wir nicht teilhaben und teilnehmen, eben nicht beeinflussen können. So sind wir z. B. als Coach nicht Teil des Teamsystems des Coachees und können dieses daher auch nicht verändern. Wir können aber auch als Coachee nicht das Vorstandsteam verändern (so häufig auch im Coaching die Idee auftauchen mag, „die da oben" sollten sich mal in diese oder jene Richtung ändern) oder das Team eines Mitarbeiters, das wir nicht direkt führen.

Und wir können ebenso wenig die persönliche Welt des Coachees ändern – denn auch von dieser sind wir nicht Teil. Allerdings können wir sehr wohl unser gemeinsames Beratungssystem, die Welt, in der Coach und Coachee gemeinsam integriert sind, beeinflussen bzw. gemeinsam immer wieder aufs Neue gestalten: genau so, wie wir sie gemeinsam haben wollen.

Der große Unterschied zwischen den beiden Haltungen besteht also darin, dass wir nur bei der Teil-der-Welt-Haltung Einfluss nehmen können – allerdings eben nur innerhalb der Welt, deren wir Teil sind.

Ich nenne die Teil-der-Welt-Haltung Heinz von Foersters die systemische Haltung, weil sie eine immer wiederkehrende Infragestellung der und Anpassung zwischen den jeweiligen Teilnehmern des sozialen Systems ermöglicht bzw. sogar erzwingt.

Und zur Verdeutlichung der Zusammenhänge, die ich zwischen den Menschen in ihren sozialen Systemen und den sozialen Systemen in einem Gesamtzusammenspiel sehe, habe ich bereits vor Jahren ein Modell erarbeitet (Radatz 2000), das ich später gemeinsam mit Oliver Bartels zum evolutionären Relationsmodell weiterentwickelt habe (siehe Abb. 2).

1. Coaching – ein gemeinsamer Tanz

1.3 Die Darstellung von Zusammenhängen im evolutionären Relationsmodell

Wenn wir unser Augenmerk auf das Selbstmanagement richten, dann greifen wir aus dem evolutionären Relationsmodell (Radatz i. Vorb.) einen Menschen heraus und nehmen diesen unter die Lupe (siehe Abb. 2).

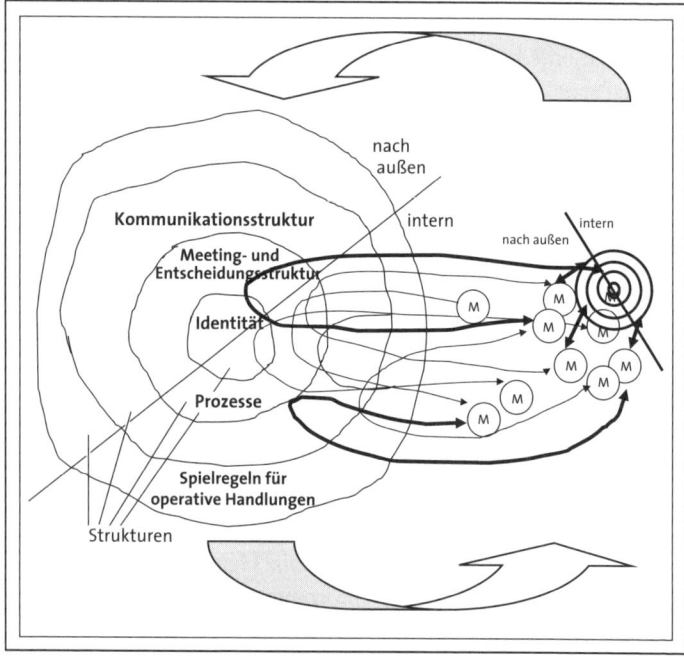

Rahmen unseres Handelns, den wir in unserem sozialen System sehen

Abb. 2: Evolutionäres Relationsmodell

Und da wir uns Modelle stets so gestalten können, dass wir sie möglichst nutzbringend verwenden können, lassen Sie uns doch einmal annehmen, dass wir als Menschen über eine ebensolche Struktur verfügen wie die sozialen Systeme, in die wir integriert

1.3 Die Darstellung von Zusammenhängen

sind (Radatz 2005). Und ich nehme hier bewusst an, dass wir über eine solche Struktur verfügen, und nicht, dass wir eine solche Struktur „sind". Denn alles, was wir sind, schafft uns Status (also einen statischen Zustand) – und alles, was wir haben, schafft uns Vermögen (im Sinne von Möglichkeiten). Nehmen wir also an, wir haben eine Struktur, die wir jederzeit auch verändern können, denn auch sie ist ja ein Teil der Welt, den wir gestalten; und nehmen wir weiter an, diese persönliche Struktur besteht ebenso wie die Struktur des sozialen Systems, mit dem wir uns in Beziehung setzen, aus den „Ringen" aus Abbildung 2 – und das jeweils „nach innen", also intrapersonell, vs. „nach außen", also interpersonell, im Umgang mit anderen Personen (Bartels 2006).

Jedes System hat dabei aus meiner Sicht Rahmenbedingungen: Wir als Menschen haben mit unseren persönlichen Strukturen Rahmenbedingungen, die wir erhalten und/ oder weiterentwickeln, jedenfalls aber respektiert haben wollen, aber auch jedes soziale System, in das wir zwiebelschalenartig eingebettet sind, bildet wieder eine Rahmenbedingung für die in ihm integrierten sozialen Systeme; Rahmenbedingungen, die idealerweise jeweils vom weiter innen liegenden System beachtet werden sollten, damit es sich „systemkonform" verhalten kann; denn wenn die Rahmenbedingungen überschritten werden, dann ist das bislang integrierte System nicht mehr Teil des größeren sozialen Systems (siehe Abb. 3).

Wenn unsere persönliche Struktur uns definiert, wäre es hilfreich, wenn wir mehr über diese spezifische, einzigartige, weil persönliche Struktur wüssten, um dann optimal daran arbeiten zu können – im Coaching bzw. im Selbstcoaching. Das tun allerdings die wenigsten Menschen. Die meisten Menschen um uns herum betrachten ihre Struktur – das, was ihrem täglichen Tun zugrunde liegt – als etwas Gegebenes, das nicht verändert werden kann – eben aus einer Gucklochhaltung heraus. Sie finden sich damit ab, dass sie und andere Menschen einfach so sind, wie sie sind. Deshalb beschäftigen sie sich nur wenig mit ihrer Denk- und Hand-

1. Coaching – ein gemeinsamer Tanz

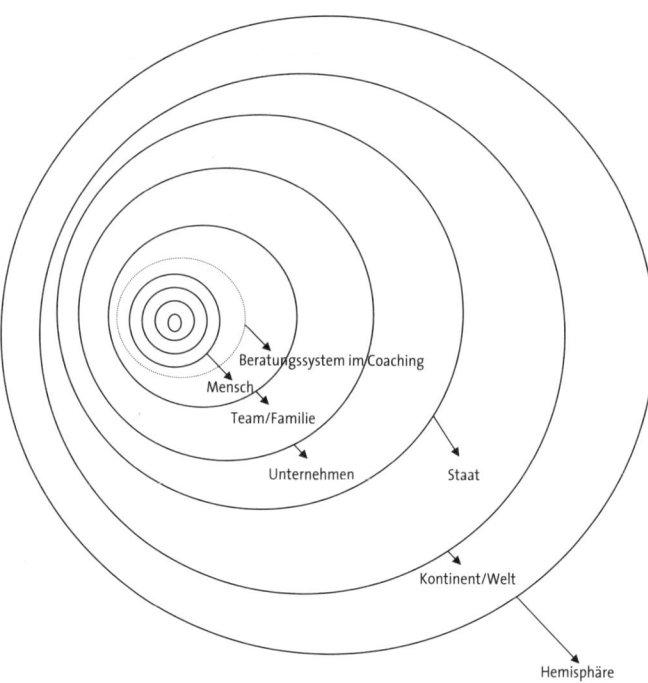

Abb. 3: Zusammenhang zwischen dem persönlichen und den sozialen Systemen

lungsstruktur, die sie dann meist „Persönlichkeitsstruktur" nennen. Eine solche Haltung ist zweifelsohne hoffnungslos; aber gleichzeitig ist sie auch sehr bequem, weil sie uns auf eine Rettung von außen („Mein Chef wird mich schon entdecken"; „Früher oder später werden sie erkennen, welche Perle sie in mir haben") oder auf eine andere Konstellation „im nächsten Leben" warten lässt. Denn sie bringt uns gar nicht auf die Idee, dass wir an uns selbst gestalten können.

Aus der Teil-der-Welt-Haltung heraus jedoch ist unsere persönliche Struktur *der* zentrale Aspekt, den wir jeden Tag neu gestalten und verändern können. Gregory Bateson (1972) definierte jede

1.3 Die Darstellung von Zusammenhängen

Art von Veränderung als Lernen im Sinne eines Unterschieds zu dem, was wir vorher getan haben. Um uns also verändern zu können, müssen wir wissen, was wir bisher tun. Das mag uns ja auf den ersten Blick trivial erscheinen – denn wir wissen doch, was wir tun. Nun – wissen wir tatsächlich, was wir tun? Oder handeln wir jeden Tag sehr routiniert und gleichzeitig unreflektiert, indem wir einfach wiederholen, was bisher funktioniert hat – ohne darüber nachzudenken, was wir hier eigentlich tun (und vor allem, was unserem Handeln zugrunde liegt)?

Meiner Erfahrung nach wissen wir sehr wenig, allzu wenig über unser Handeln – und beschäftigen uns noch seltener mit den Grundlagen unseres Handelns, mit unserer persönlichen Struktur. Ist dieses Wissen jedoch die Voraussetzung, um uns ändern zu können (siehe Abb. 3), dann sollten wir uns zunächst überlegen, was es mit unserer Struktur auf sich haben könnte – und uns dann näher damit beschäftigen, unsere persönliche Struktur genauer unter die Lupe zu nehmen, um sie schließlich auch infrage zu stellen und gegebenenfalls auch (in Teilen) verändern zu können.

Dabei wird uns rasch klar: Was wir tun, tun wir nicht „einfach so". Oder, anders formuliert: Folgen wir dem evolutionären Relationsmodell, so liegen unserem Tun jeweils bestimmte Strukturen zugrunde; Strukturen, die mehr oder weniger stark und unmittelbar beeinflussen, was wir tun. Unsere Strukturen legen eine bestimmte Ausrichtung fest, und dieser Ausrichtung folgt unser Tun – ob wir nun unseren Kernkompetenzen folgen oder bestimmten Geschichten, an denen wir festhalten, oder ob wir bestimmte Prozesse und Handlungsmuster als leitend für unser Tun betrachten.

Diese Strukturen sind unsere Strukturen; sie wirken niemals außerhalb unserer persönlichen Beeinflussungsmöglichkeiten. Das heißt, wir können sie jederzeit entsprechend unserer Situation und unseren Zielen (neu) gestalten.

Viele Menschen handeln nicht reflektiert, auch wenn hinter ihrem Handeln immer klare und konsistente Strukturen stehen. Das heißt, sie begeben sich nicht auf eine Metaebene; sie setzen nicht den ersten wesentlichen Schritt in der persönlichen Veränderung, bei dem es darum geht, sich die aktuelle persönliche Struktur zunächst einmal bewusst zu machen, um dann den nächsten Schritt eines Infragestellens dieser Struktur gemäß den anstehenden neuen Zielen bzw. der anstehenden neuen Situation zu setzen. Das können wir aber an dieser Stelle tun – und daher möchte ich im Folgenden die einzelnen Aspekte unserer Struktur genauer beschreiben.

1.3.1 Unsere Identität

Im Zentrum unserer persönlichen Strukturen steht unsere Identität. Ich betrachte sie als jenen Faktor, der am stärksten beeinflusst, wie wir die Dinge tun. Und gleichzeitig ist unsere Identität aus jahrelanger, meist lebenslanger Erfahrung entstanden; ist daher am erprobtesten von allen Strukturvariablen; und deswegen fällt es uns am schwersten, uns von Identitätsfaktoren zu trennen bzw. neue an die Stelle von alten, bekannten treten zu lassen.

Im evolutionären Relationsmodell subsumieren wir unter der Identität folgende Faktoren.

1. Die eigenen zentralen Kernkompetenzen

Was sind unsere Kernkompetenzen – wenn wir so wollen, der „Stamm" von uns als Baum, aus dem alle Äste mit den Blättern und den Blüten bzw. Früchten entspringen? Wenn wir uns bewusst machen, was wir besonders gut können – unabhängig davon, ob dies unmittelbar mit unserem Beruf zu tun hat oder „nur" im Beruf gut nutzbar ist –, dann können wir diese Kernkompetenzen kontinuierlich ausbauen, anstatt wie viele Menschen hauptsächlich zu versuchen, unsere Fehler zu beseitigen.

2. Die persönlichen Ziele

Persönliche Ziele zeigen uns, wohin wir streben; und wenn wir wissen, wo wir hinwollen, dann befinden wir uns praktisch schon auf dem Weg dorthin. Wir alle haben Ziele; denn sonst wären wir

1.3 Die Darstellung von Zusammenhängen

meiner Meinung nach schon längst nicht mehr auf der Welt. Allerdings machen sich viele Menschen ihre Ziele gar nicht bewusst – sie handeln tagaus, tagein im gleichen Trott und sehen eher das „Abarbeiten" von Aufgaben als das Erreichen von Zielen als ihren Lebenszweck an. So verhalten sie sich mehr oder minder passiv, indem sie abwarten, was von ihnen gefordert wird – anstatt sich zu überlegen, wo sie hinwollen.

3. Die persönliche Mission

Wofür tun wir (uns) all das (an), was wir tun? Was bringt es uns letztlich, dass wir uns abstrampeln, dass wir jeden Tag alles dazu tun, dass die Dinge funktionieren – was haben wir davon? Wenn wir für unser Handeln eine klare Mission vor Augen haben, dann können wir unser Handeln begründen; für die anderen, aber allen voran für uns selbst. Wir haben dann ein Motiv für unser Handeln und geben ihm Sinn.

4. Die grundlegenden persönlichen Annahmen und Glaubenssätze

Woran glauben wir? Von welchen Annahmen gehen wir im Leben aus? Nein, hier geht es nicht um religiöse Ausrichtungen, sondern vielmehr um die Voraussetzungen, unter denen wir denken und handeln. Dabei können die Glaubenssätze und Annahmen unsere Handlungsmöglichkeiten durchaus nicht unbedingt bereichern und erweitern, sondern sogar einschränken – je nachdem, wie wir sie ausgestalten.

Das heißt, persönliche Annahmen und Glaubenssätze können je nach unseren persönlichen Zielen förderlich oder hinderlich für uns sein, und sollten daher idealerweise sorgfältig auf unsere Ziele abgestimmt sein.

5. Die persönlichen Werte

Ähnlich wie Annahmen und Glaubenssätze können auch die persönlichen Werte – das, was uns etwas wert ist, was uns wichtig ist – unter einem positiven bzw. negativen Vorzeichen in Bezug auf unsere aktuellen Ziele stehen. Werte werden uns häufig in der Kindheit mitgegeben, und dort übernehmen wir sie meist unreflektiert und hinterfragen sie nur selten. Sie äußern sich jedoch unmissverständlich und direkt in allen unseren Ansichten und den darauf aufbauenden Handlungen. Daher ergibt es durchaus Sinn, sich die persönlichen Werte bewusst zu machen.

6. Unsere persönlichen Geschichten und Mythen

Auf welchen Geschichten und Mythen baut unser Handeln auf? Welche erzählen wir immer wieder und auf welche Weise? Aber auch: Inwiefern behindern sie unser persönliches Weiterkommen? Geschichten und Mythen begleiten unser ganzes Leben; sie können uns hilfreich unterstützen – etwa Geschichten, in denen wir etwas geschafft haben, etwas erreicht haben, trotz widriger Umstände. Andere Geschichten können aber auch hinderlich für uns sein – etwa wenn wir (immer wieder) vor Augen haben, dass wir mutig an Dinge herangegangen – und gescheitert sind.

7. Unsere persönlichen grammatischen Regeln

Grammatische Regeln steuern die *do's and don'ts* in unserem Leben – und schränken damit die aus unserer Sicht „möglichen" und subjektiv sinnvollen Handlungsmöglichkeiten ein. Darunter verstehe ich Regeln wie „Den Chef ruft man privat nicht an" oder „Mit seinen Mitarbeitern sollte man nicht per Du sein" oder „Sich mit einer eigenen Meinung vordrängen ist einem als einfacher Angestellter nicht erlaubt". Sehr häufig haben wir die grammatischen Regeln (die uns meist unreflektiert ein ganzes Leben begleiten) von unseren Eltern gehört oder erlebt bzw. schon sehr früh gelernt und beachten Sie weiter – bis wir an Situationen stoßen, in denen evident wird, dass sie revidiert werden müssen.

1.3 Die Darstellung von Zusammenhängen

8. Die Leitprinzipien unseres Handelns

Wir orientieren unser Handeln entlang bestimmter Prinzipien. Solche Leitprinzipien könnten etwa „Vorsicht", „Schnelligkeit", „Pünktlichkeit", „Genauigkeit" oder „Kreativität" sein. Welches Grundprinzip, welches Grundbedürfnis liegt all unserem Handeln zugrunde – und kommt immer wieder durch? Egal was es ist: Meist orientieren sich unsere Entscheidungen sehr stark daran – und lassen andere Kriterien ins gedankliche Abseits rücken. Aber nicht nur das: Auch bei der Bewertung von Ergebnissen anderer Personen – etwa unserer MitarbeiterInnen – legen wir häufig diese Kriterien zugrunde, ohne darüber nachzudenken, welche anderen Kriterien ebenso sinnvoll sein könnten.

9. Unsere persönliche Vision

Manche Menschen meinen, wer Visionen habe, müsse zum Arzt. Ich halte Visionen – verstanden als klare Idee davon, was ich in Zukunft will; sie beinhaltet etwas, das ich nie abhaken, aber jeden Tag aufs Neue leben kann – für sehr wichtig, will man sich längerfristig orientieren. Unternehmen können z. B. die Vision haben, sich insgesamt kundenorientiert auszurichten; und Führungskräfte können die Vision haben, Heterarchie im Team zu leben; oder Innovation im Dienst des Kunden zu betreiben. Von einer Vision im Unterschied zu Zielen spreche ich dann, wenn etwas immer neu ausgestaltet werden kann bzw. muss, damit es aktuell bleibt – aber dafür nie an Aktualität verliert; außer es passt nicht mehr zu den Zielen der betreffenden Person.

10. Die persönlichen Strategien

Wie gehen wir, grob gesprochen, vor, um unsere Ziele zu erreichen? Kleckern wir? Oder klotzen wir? Verfolgen wir die Strategie der Empathie? Oder jene des klaren Worts, auf das immer Verlass ist? Wenn das *Wie* der Umsetzung unserer Ziele einem Entwurf und der Durchführung eines Gesamtkonzepts entspricht, dann handeln wir bewusst strategisch. Das muss an sich weder gut noch schlecht sein; letztlich geht es nur darum, sich auf ein gesamtes Konzept der Umsetzung zu konzentrieren und in der Umsetzung Stringenz zu bewahren.

1.3.2 Unsere Denkprozesse (nach innen) und Handlungsmuster (nach außen)

All unserem interrelationalen (Bartels 2006) Handeln liegen intrarelationale (ebd.) Denkprozesse zugrunde, die wiederum auf den spezifisch ausgeprägten Grundpfeilern unserer Identität beruhen. Wir können also jederzeit beeinflussen, wie wir handeln – oder, wie es Maturana, ausdrückt: Wir „sind" nicht, sondern wir „tun" kontinuierlich (Maturana u. Pörksen 2003). Dieses Tun können wir sehr einfach verändern – wenn wir es uns erst einmal bewusst machen und hinsichtlich unserer Ziele infrage stellen.

1.3.3 Unsere Entscheidungsstrukturen

Wie treffen wir Entscheidungen? Dies beeinflusst wesentlich unser Handeln – und spielt gleichzeitig eine große Rolle für unsere Interaktion mit anderen Menschen: Mitarbeitern, Vorgesetzten, Kunden. Unsere Entscheidungsstrukturen beruhen ebenso wie unsere Denkprozesse und Handlungsmuster auf unseren persönlichen Erfahrungen, die wir im Lauf unseres Lebens gemacht haben. Meist denken wir nicht darüber nach, wie – nach welchen Kriterien, in welcher Form – wir Entscheidungen treffen. Wenn wir aber unsere Entscheidungsstrukturen erforschen, dann werden wir rasch erkennen, dass hier Muster am Werk sind, die uns vieles ermöglichen – aber vielleicht auch dem einen oder anderen unserer Ziele im Weg stehen.

1.3.4 Unsere intra- und interrelationalen Kommunikationsstrukturen

Wir können ja nach Paul Watzlawick (1976) bekanntlich nicht *nicht* kommunizieren – oder, anders formuliert: Wir kommunizieren immer – selbst wenn wir dies gar nicht wollen. Und meist ma-

1.3 Die Darstellung von Zusammenhängen

chen wir uns über unsere Kommunikationsinhalte Gedanken, stellen aber nur selten unsere Art zu kommunizieren infrage. Dabei prägt genau diese unsere persönliche Kommunikationsstruktur – die Art und Weise, wie wir immer und immer wieder in Form von „Mustern" kommunizieren: einerseits intrarelational – wir mit uns selbst auf eine ganz bestimmte Art und Weise umgehen – und andererseits interrelational – wie wir mit anderen umgehen. Diese beiden Ausprägungen unserer persönlichen Kommunikationsstruktur sind nicht nur unsere wichtigsten *Gatekeeper* für die Handlungen, die wir letztendlich setzen – sondern sie bestimmen auch, wie erfolgreich die Handlungen sind, die wir setzen, indem sie das *Wie* festlegen.

1.3.5 Unsere Spielregeln für die operativen Handlungen

Wir ticken nach ganz bestimmten Spielregeln. Diese haben wir aufgrund unserer persönlichen Erfahrungen irgendwann einmal gesetzt, und nun leben wir sie; so lange, bis wir merken, dass sie nicht mehr erfolgreich sind (mit anderen Worten: dass wir Reaktionen auf unsere Handlungen bekommen, die wir nicht wollen). Unsere Spielregeln entdecken wir am einfachsten, wenn wir uns in einer bestehenden Situation mit anderen vergleichen – unsere Spielregeln abgleichen und Unterschiede feststellen.

1.4 Ansatzpunkte der persönlichen Veränderung im Coaching

Aus dem evolutionären Relationsmodell heraus ergeben sich jene Ansatzpunkte der persönlichen Veränderung, die im Coaching in Betracht gezogen werden können:

- das Verlassen des betreffenden sozialen Systems, in das der Coachee integriert ist
- die Veränderung des sozialen Systems, in das der Coachee integriert ist (soweit die Einschätzungen des Coachees der Rahmenbedingungen und Entscheidungsstrukturen des sozialen Systems dies zulassen)

- das Infragestellen bzw. die Veränderung der eigenen Identität (Ziele, Werte, Kernkompetenzen etc.) mit dem Ziel, in der Folge auch anders nach außen handeln zu können (interrelational)
- die Veränderung von persönlichen Handlungsmustern und Prozessen mit dem Ziel, in der Folge auch anders nach außen handeln zu können
- die Veränderung von Entscheidungsstrukturen bzw. das Treffen konkreter Entscheidungen mit dem Ziel, in der Folge auch anders nach außen handeln zu können
- die Veränderung der persönlichen Kommunikationsmuster im betreffenden sozialen System oder bezüglich einzelner Menschen
- und die Veränderung der persönlichen Spielregeln und Maximen für das eigene Handeln.

1.5 Sieben Voraussetzungen für die Umsetzung der systemischen Coachinghaltung in die Praxis

Systemisches Coaching funktioniert vor allem dann, wenn bestimmte Voraussetzungen gegeben sind. Diese betreffen vorrangig die Denkhaltung aufseiten des Coachs – und sind daher in jedem Fall vom Coach herstellbar.

1.5.1 Lethologische Begabung

Lethologie ist nach Heinz von Foerster (von Foerster u. Bröcker 2002, S. 305 ff.) die Lehre des Nichtwissens. Es geht dabei um die Verwandlung des scheinbar „Wissenden" in einen Menschen, der sagt: „Ich besitze mit Sicherheit nicht den Stein der Weisen. Warum finden wir nicht zusammen heraus, was uns in dieser Situation passend erscheint?" Führungskräfte, die ihre Mitarbeiter erfolgreich coachen wollen, brauchen eine ausgeprägte lethologische Begabung. Sie gewöhnen sich an den Gedanken, dass „gut gemeint" nicht selten das Gegenteil von „gut" ist und ihr Wissen

1.5 Die Umsetzung der systemischen Coachinghaltung

nun einmal weder zur Denkstruktur noch zum Erfahrungsspektrum dieses oder jenes Mitarbeiters passen kann. Bewusst nicht zu wissen ist etwas, das mit viel Geduld erlernbar ist – etwa indem der Coach bei jedem Gespräch das zu Beginn erwartete Ergebnis (die erwartete Lösung) auf ein Blatt Papier aufschreibt und sie durchstreicht; und sich dann jedes Mal aufs Neue davon überraschen lässt, dass der Coachee eine ganz andere Lösung gefunden hat. Aber gleichzeitig erleichtert das bewusste Nichtwissen ungemein; und sorgt dafür, dass der Coachee mehr und mehr Selbstverantwortung und Eigeninitiative im Denken übernimmt.

1.5.2 Vertrauen und Wertschätzung

Die systemische Coachinghaltung bedarf eines durchgängigen Vertrauens in die (Problemlösungs-)Fähigkeiten der Coachees: Die Wertschätzung ihrer Lösungsideen (anstatt Kritisieren ihrer bisherigen Fehler) und das Vertrauen darauf, dass sie in jeder Situation versuchen, ihr Bestes zu geben, sollten in jedem Coachingprozess im Mittelpunkt stehen.

1.5.3 Eigene Ziele und Hypothesen loslassen

Es ist verständlich, dass Coachs – sie sind ja Menschen! – auch eigene Lösungsideen zu anstehenden Themen haben; und häufig haben sie ebenso Hypothesen bezüglich dessen, was ihre Coachees denken und was sie denken sollten. Allein – jedes Ziel und jede Hypothese, die wir für die anderen haben, engt unseren persönlichen Raum des Denkens ein und veranlasst uns dazu, uns immer gleich gegenüber diesen Personen zu verhalten. Sie bleiben dann in unseren Augen „in der Entwicklung stehen", weil wir ihnen nur das zutrauen, was wir ihnen zugestehen bzw. in ihnen sehen. Auch wenn es manchmal schwer fällt: Systemische Coachs verbringen viel Zeit damit, bedingungslos zuzuhören und zu versuchen, ihre eigenen Ziele loszulassen. Und in jenen Fällen, in denen sie dies nicht können, weil sie ganz klar wissen, was sie wollen, sollten sie nicht „coachen" und nicht versuchen, ihre Mitarbeiter „auf Umwegen dorthin zu bekommen, wo sie sie haben wollen", sondern schlicht und ergreifend klare Worte über ihre Entscheidungen sprechen. In diesen Fällen brauchen sie aber auch kein Coaching anzubieten.

1.5.4 Freiwilligkeit des Coachinggesprächs

Wird Coaching „etabliert", weil es vielleicht gerade in Mode ist, dann wurde die Pointe ganz klar verpasst: Systemisches Coaching bedarf einer vollkommenen Freiwilligkeit beim Coachee. Er soll von sich aus ein Gespräch wünschen – weil er Sinn darin findet. Es geht für den Coach nicht darum, seinem Gegenüber ein Coachinggespräch zu „verpassen" oder „es durchzuführen, weil es wieder einmal Zeit ist", sondern ihm als Coach für ein Coaching zur Verfügung zu stehen.

1.5.5 Unterstützung anderer bei ihrer Lösung

Coaching wird für die Unterstützung der Lösungsfindung bei Problemen angewandt – und daher sollte auch immer die Voraussetzung eines Coachinggesprächs darin bestehen, dass der Coachee von sich aus das Problem nennt, das er lösen will.

Coaching lässt sich dagegen meiner Erfahrung nach nur sehr schlecht dann anwenden, wenn der Coach ein Problem mit dem Coachee hat, wie es in Führungsbeziehungen häufig vorkommt: Die Führungskraft will dann dem Coachee ein Problem „machen", das sie selbst hat. Damit ein Coachinggespräch erfolgreich verläuft, sollte die Frage „Wer hat hier eigentlich das größte Problem mit dieser Situation?" eindeutig mit „Der Mitarbeiter!" beantwortet werden können. Wenn diese Antwort nicht oder nur indirekt zutrifft, sollte die Führungskraft eher Selbstcoaching anwenden – denn es geht dann um die Lösung ihrer eigener Probleme.

1.5 Die Umsetzung der systemischen Coachinghaltung

1.5.6 Dissoziieren

Zwei Leitsätze sind im systemischen Coaching von vorrangiger Bedeutung: „Es ist in erster Linie nicht mein Problem" und „Meine Coachees sind nicht meine Kinder, die ich vor irgendetwas beschützen und deren Wege ich immer ebnen muss". Coachs, die erfolgreich coachen wollen, brauchen geistigen Abstand: Sie müssen weder für sich noch ihre Mitarbeiter vorausdenken und können sich darauf verlassen, dass jeder Mensch, der sich ein Problem „bastelt", auch fähig ist, es wieder zu lösen.

Mit „dissoziieren" meine ich, dass wir uns als Coachs bewusst geistig vom Problem entfernen müssen, denn wenn wir zu nahe sind, sehen wir erstens den Wald vor lauter Bäumen nicht mehr (verlieren uns also in Details), und zweitens können wir uns keine Metaperspektive schaffen, um die Dinge auch von einer anderen Seite betrachten zu können.

1.5.7 Bei jedem Coaching lernt (auch) der Coach

Systemische Coachs nützen jedes Coaching, um selbst zu lernen: noch präzisere Fragen zu stellen, die noch genauer auf den Punkt kommen, noch bessere Dienstleistung gegenüber dem Coachee zu erbringen, das eigene Wissen zu erweitern und sich Anregungen für die Selbstreflexion zu holen.

2 Infrage stellen und fragen

Wie können wir jemandem helfen, der sich in einer Situation befindet, in der er eine konkrete Lösung sucht? Die Antwort ist einfach: Es kommt darauf an, ob wir die Gucklochhaltung oder die Teil-der-Welt-Haltung für uns wählen. Entscheiden wir uns für die Gucklochhaltung, so sehen wir „von außen", quasi „objektiv" auf die Situation des Coachees und werden daher Ratschläge und Tipps geben.

Gehen wir aber von der Teil-der-Welt-Haltung aus, dann unterscheiden wir zwischen Situationen, die in jenen Welten stattfinden, deren Teil wir sind (und in diesen können wir ausgezeichnet passende Antworten geben), und Situationen, die in Welten stattfinden, deren Teil wir eben nicht sind (und dazu gehört zweifelsohne die Welt des Coachees, in der nur er selbst Teil der Welt ist). Für jene Welten, von denen wir nicht Teil sind, können wir nicht die Verantwortung übernehmen – also auch nicht sinnvoll antworten auf Fragen, die von dort kommen. Wir können lediglich diesen Menschen in der Suche nach seinen persönlichen Lösungsalternativen anstoßen, in Bewegung bringen, die Zahl seiner potenziellen Handlungsalternativen vergrößern helfen. Und dies können wir am besten, indem wir *für die spezifische Situation* seine Art zu denken und zu handeln infrage stellen.

Wir stellen ihm Fragen, die ihm auf geschickte Art und Weise dabei helfen, aus dem Hamsterrad seiner bisherigen Lösungsversuche auszusteigen und andere Handlungen zu entwerfen, die zu einem für ihn zufrieden stellenden Ergebnis führen. Und das ist durchaus im Bereich des Möglichen: Denn aus dem Verständnis der Teil-der-Welt-Haltung heraus werden die beim Coachee anstehenden Probleme in seiner Welt von ihm erzeugt, sprich: durch seine Art, zu denken, zu entscheiden, zu kommunizieren und zu handeln, entstehen in bestimmten Konstellationen, oft auch in Zusammenhang mit anderen bestimmten Personen, Probleme oder Konflikte. Das heißt, dass ein Coachee „lediglich" anders denken, entscheiden, kommunizieren oder handeln muss, um eine Lösung herzustellen. Mit unseren ganz spezifischen Fragen ermöglichen wir ihm, sich aus der Begrenztheit des bisherigen Denkens, Entscheidens, Kommunizierens und Handelns in eine Metaposition zu begeben, sich also quasi „selbst zu betrachten" und daraus neue Erkenntnisse zu gewinnen.

Diese Fragen wurden erstmals in der Familientherapie entwickelt und angewendet.

2.1 Eigenschaften systemischer Fragestellungen

2.1.1 Systemische Fragen sind offene Fragen

Systemische Fragen beginnen mit den so genannten W-Wörtern: wie, was, wann, wer, womit? etc. (im Gegensatz zu den hauptsächlich im Alltag von uns verwendeten geschlossenen Fragen, die wir mit Ja oder Nein beantworten können). Dabei wird immer darauf geachtet, mit jeder Frage Veränderung der Handlungen in der Zukunft zu erarbeiten. Einen besonderen Stellenwert hat hier das Fragewort „Warum?": Es ist sehr hilfreich dabei, im Selbstcoaching z. B. den Sinn von als problematisch betrachteten Handlungsmuster zu identifizieren; wenn sie allerdings im Umgang mit anderen angewendet wird, sollte eine „Warum"-Frage besonders vorsichtig eingesetzt werden, damit ein Coachee daraus auch Lösungen ableiten kann, die von ihm als hilfreich erlebt werden, etwa so: „Also, ich denke, es hat für Sie zum gegebenen Zeitpunkt absolut Sinn gehabt, so zu handeln, wie Sie gehandelt haben. Warum also haben Sie so gehandelt?", oder so: „Nur um die Zusammenhänge besser zu verstehen und eine optimale Zusammenarbeit für die Zukunft zu gestalten: Warum sind Sie so vorgegangen?" Häufig ist es in diesem Zusammenhang sehr hilfreich, das

„Warum?" durch ein „Wie kommt es dazu, dass …?" oder ein „Wie sind Sie konkret darauf gekommen, dass …?" zu ersetzen.

2.1.2 Systemische Fragen bringen diejenigen zum Denken, die eine Lösung suchen

Systemische Fragen sind nicht so genannte Reporterfragen (das sind Fragen in Richtung der Vergangenheit, die Wissensantworten ohne Neuigkeitswert für den Coachee nach sich ziehen und daher sehr zügig beantwortet werden könnten, z. B.: „Wie viele Stunden haben Sie in das Projekt investiert?" oder „Wer alles war daran beteiligt?" oder „Was hat der Kunde dazu gesagt?") – sondern Fragen, die neue Informationen erzeugen (z. B.: „Woran werden Sie erkennen, dass Ihre Kunden zufrieden sind?" oder „Welche Auswirkungen hat es auf Ihr persönliches Wohlbefinden, wenn Sie Ihre Arbeit in Ruhe erledigen können?").

Dass wir eine Denkfrage gestellt haben, erkennen wir spätestens daran, dass der Coachee einige Zeit braucht, um darauf eine Antwort zu finden. Meist quittiert er sein Nachdenken mit einem „Gute Frage" oder „Keine Ahnung" oder „Ich weiß nicht" oder „Schwierige Frage …". Denkfragen regen den Coachee zum Denken an – im Sinne einer Aufforderung, gewohnte Denk- und Handlungsmuster infrage zu stellen bzw. zu verlassen. Da kann es manchmal schon dauern, bis wir „unseren Denkmotor anlassen". Ich habe bereits einige Coachingsituationen erlebt, in denen ich mehr als 15 Minuten auf eine Antwort gewartet habe. In einem solchen Fall ist es besonders wichtig, nicht nochmals die Frage zu stellen oder zu erklären oder auf irgendeine andere Art das Denken des Coachees zu stören; sondern sich einfach entspannt zurückzulehnen und darauf zu warten, dass eine Antwort kommt. Sie kommt immer!

2.1 Eigenschaften systemischer Fragestellungen

2.1.3 Systemische Fragestellungen können situationsoptimierend oder verhaltensoptimierend sein

Wenn eine Situation zu 100 % unter unserem persönlichen Einfluss steht, dann können wir sie genau so gestalten, wie wir sie gerne haben möchten; wenn dies allerdings nicht der Fall ist, dann sollten wir eher Fragen danach stellen, wie wir uns in dieser Situation (die wir nicht verändern können) anders verhalten können, damit wir zufrieden sind. In beiden Fällen setzen wir in der Veränderung an unserem eigenen Verhalten an; der Unterschied zwischen diesen beiden Fragerichtungen besteht einzig und allein darin, dass wir uns entweder die Situation entsprechend unseren Wünschen „gestalten" können oder sie hinnehmen und unser Verhalten darum herummodellieren müssen.

2.1.4 Systemische Fragen zielen darauf, die Zukunft zu optimieren ...

... und nicht, die Vergangenheit zu analysieren. Aus gutem Grund: weil ich davon ausgehe, dass die Analyse der Vergangenheit nichts mit den Möglichkeiten in der Zukunft zu tun hat (vgl. de Shazer 1994). Oder, anders formuliert: Wenn wir ganz genau wissen, was in der Vergangenheit alles schief gelaufen ist, wissen wir deshalb noch lange nicht, wie die Zukunft idealerweise aussehen soll.

2.1.5 Systemische Fragen fragen nach dem Tun und nicht nach dem Sein

Wenn unsere Wirklichkeit interrelational ist (Bartels 2006), also auf Beziehungen aufbaut, dann geht es um das, was wir gemeinsam *tun* (wollen), und nicht um das, was *ist* oder sein soll. Wenn wir z. B. in der Führung fragen: „Was wollen Sie jetzt tun?", hat dies eine ganz andere Wirkung, als wenn wir fragen: „Was soll Ihrer Meinung nach jetzt sein?" Mit der Frage nach dem Tun verschieben wir die Verantwortung von „außen" („es" soll sein) nach innen („Sie" tun). Und eine kleine Nuance, die hier am

Rande noch mit angemerkt sei: Wenn wir danach fragen, was der Coachee tun will, übernehmen wir nicht die Verantwortung, die wir übernehmen würden, wenn wir fragten: „Was soll ich tun?"

2.1.6 Systemische Fragen sind lösungsfokussiert

Ich arbeite im Coaching mit meinen Coachees an Lösungen – auf die kürzestmögliche, effizienteste und effektivste Weise, die ich kenne. Daher muss jede Frage konsequent lösungsfokussiert gestellt sein, damit Umwege bzw. der Gang durch den Problemmorast vermieden werden.

Nach etwa drei Minuten des Problemgesprächs können wir bereits die Problemebene ganz verlassen und beginnen, konsequent mit unseren Fragestellungen die Lösungsfokussierung anzupeilen.

2.1.7 Systemische Fragen beziehen sich immer auf die Optimierung des Systems

Es hat wenig Sinn, aus Sicht des Coachees optimale Lösungen und Maßnahmen zu erarbeiten, die jedoch nicht zu den Strukturen des betreffenden sozialen Systems passen, in dem die Lösung erfolgreich gelebt werden soll. Welche Lösung auch immer erreicht werden soll – sie muss für das soziale System passen, für das sie gemacht ist. Oder, anders formuliert: Wir müssen mit unseren Fragen aus meiner Sicht stets die Auswirkungen der gefundenen Lösung auf das betreffende soziale System (z. B. Familie, Team, Unternehmen, Markt) mit integrieren. Dies können wir etwa tun, indem wir fragen: „Woran werden Sie denn erkennen, dass Sie die für sich passende Lösung gefunden haben, mit der auch Ihre Mitarbeiter gut leben können?"

2.1.8 Systemische Fragen fokussieren auf das Innen – und nicht auf das Außen

Es geht mir im Coaching bewusst nicht um die gemeinsame Schaffung von Begriffen, sondern um die Erarbeitung dessen, was unter einem bestimmten Begriff verstanden wird. Denn wie bereits

Epiktet sagte: Es sind nicht die Dinge, die uns beunruhigen, sondern die Meinung, die wir von den Dingen haben.

Meiner Erfahrung nach entstehen die meisten Probleme bzw. Konflikte dadurch, dass wir Begriffe auf eine bestimmte Art und Weise interpretieren, also etwas Bestimmtes darunter verstehen – und zwar meist etwas anderes, als unsere Partner, Teamkollegen, Vorgesetzten etc. darunter verstehen. Diesen Gedanken setze ich so um, dass ich im Coaching konsequent danach frage, was mein Coachee unter dem betreffenden Begriff versteht – bzw. was er darunter verstehen will, wenn er eine gute Lösung finden möchte.

2.1.9 Systemische Fragen sind niemals Suggestivfragen

Systemische Fragen dienen nicht dazu zu prüfen, ob jemand „Recht hat" („Sind Sie auch der Meinung, dass das die einzige Möglichkeit ist?"), sondern immer dazu, Handlungsalternativen zu erweitern („Was denken Sie, was hier an Lösungen möglich wäre?"). Es gilt die Faustregel: Je weniger Ideen beim Coach, desto besser. Wenn ein Coach in einem Coaching versucht, mit seiner Lösung Recht zu behalten bzw. den Coachee „auf die richtige Bahn" zu bringen, dann werden die meisten Coachees beginnen, sich zu wehren. Und allerspätestens dann sollte es uns auffallen, dass wir eine Suggestivfrage gestellt haben.

2.2 Arten von systemischen Fragestellungen

Es gibt Millionen systemischer Fragen, die im Coaching, aber auch im Führungsalltag, in Verhandlungen, ja, sogar in Privatgesprächen außerordentlich hilfreich sind. Der Fantasie sind dabei nur die Grenzen aufseiten des Coachees gesetzt: Wenn dieser eine Frage sinnvoll findet und die Frage ihn zur Lösung bringt, dann war es die „richtige", passende Frage. Solchen Fragen ist gemeinsam, dass das Gegenüber eine ganze Weile braucht, um darauf eine Antwort zu finden. Hierbei habe ich nach Steve de Shazer die Erfahrung gemacht, dass eine Frage vom Coachee als umso fundamentaler empfunden wird, je länger er braucht, um sie zu beantworten – und während der Coachee über ihre Beantwortung nachdenkt, sollte kein Wort vom Coach den Gedankenfluss unterbrechen.

2.2.1 Ziel-, lösungs- und ressourcenorientierte Fragen
- Was ist Ihr Ziel?
- Woran würden Sie merken, dass Sie Ihr Ziel erreicht haben?
- Wann haben Sie je in Ihrer Vergangenheit ein ähnliches Ziel gehabt und erreicht? Was haben Sie da konkret getan?
- Wie könnten Sie sich in Zukunft so verhalten, dass Ihr Ziel in nächste Nähe rückt? Und was könnten Sie tun, damit sich das Ziel in Lichtgeschwindigkeit von Ihnen wegbewegt?

2.2.2 Verhaltensfragen statt Fragen zur Situation
- Was *tut* dieser Kollege bzw. der Kunde bzw. der Mitbewerber? Und was tun Sie?
- Wie können Sie erreichen, dass diese ein anderes Verhalten zeigen?
- Was tun Sie in dieser Situation nicht, das Sie in bisherigen erfolgreichen Situationen immer getan haben?

2.2.3 Fragen nach Unterschieden
- Skalenfragen: Auf einer Skala von 0 bis 10, wenn 0 der Projektstart war und 10 ist Ihr Ziel – wo stehen Sie gerade jetzt? Was tun Sie anders, wenn Sie einen Punkt höher auf Ihrer Skala sind? Was tun die anderen dann anders? Was Sie wiederum?
- Was ist der Unterschied in Ihrem Verhalten zu jetzt, wenn Sie das Ziel erreicht haben?
- Was ist der Unterschied zwischen dem Projektstart und jetzt?

2.2 Arten von systemischen Fragestellungen

2.2.4 Beschreibende, erklärende und bewertende Fragen
- Wie würden Sie Ihr bzw. sein Verhalten in dieser Situation beschreiben?
- Wie erklären Sie sich Ihr bzw. Verhalten? Wie wäre es anders erklärbar, harmloser?
- Wie bewerten Sie Ihr bzw. sein Verhalten zum jetzigen Zeitpunkt? Wie würden Sie es bewerten, wenn Sie auf einer Südseeinsel in Urlaub wären?

2.2.5 Fragen zum Infragestellen von Handlungsmustern
- Wie schaffen Sie es, dieses Ergebnis (immer wieder) zu erreichen?
- Angenommen, ich würde Weltmeister in Ihrem Handlungsmuster werden wollen: Was müsste ich beachten, damit ich dahin käme?
- Was sind persönliche Vorteile aus diesem Handlungsmuster?

2.2.6 Dissoziationsfragen
- Wie würde ein Unbeteiligter Ihre Situation schildern? Was würde er als Erstes tun?
- Wie würden Sie die Situation aus meiner Perspektive schildern? Was würden Sie tun? Was keinesfalls?

2.2.7 Hypothetische Fragen
- Angenommen, Sie wären Teamleiter und ich Ihr Mitarbeiter: Was würden Sie mir raten?
- Angenommen, Zeit würde keine Rolle spielen: Was würden Sie dann tun?
- Angenommen, Sie hätten Interesse, dieses Projekt weiterzuverfolgen: Was wäre dann der nächste logische Schritt?

2.2.8 Paradoxe Fragen
- Was können Sie tun, damit Sie im nächsten Projekt vor der gleichen Situation stehen?

- Was können Sie tun, um an der Aufgabe zu scheitern?
- Angenommen, eine Fee käme und würde Ihnen drei Wünsche erfüllen, die Ihnen gerade jetzt besonders wichtig sind. Welche wären das? Und was könnten Sie dazu tun, dass die Fee die Wünsche sofort wieder zurücknimmt?

2.2.9 „Verrückte" Fragen
- Woran würde denn Ihre Stimme merken, dass das nächste Verkaufsgespräch optimal läuft?
- Angenommen, Ihr Schreibblock könnte sprechen: Welche wichtigen Ergebnisse aus dem Meeting würde er gerne auf sich notiert haben?

3 Der Ablauf systemischer Coachings

Das klassische Coaching dauert bei mir etwa 1,5 Stunden. In dieser Zeit wird ein anstehendes Thema komplett bearbeitet – und wenn Coachees ein Folgecoaching wünschen, dann geht es meist um ein neues oder aus der Lösung abgeleitetes Thema.

Phase	Zeitdauer in Min.	Ziel dieser Phase
Einstieg ins Coachinggespräch	ca. 2–5	• Vertrauen finden • (Erklärung des Ablaufs, falls notwendig)
Problemschilderung	ca. 3–5	• „Hilf mir, mein Problem zu verstehen" • und Problemeingrenzung
vom Problem zum Ziel	ca. 3–10	• Ziele formulieren
Auftragsgestaltung	ca. 2	• klare Aufgaben- und Rollenverteilung für Coach und Coachee
Lösungsfokussierung	ca. 35	• Kriterien für eine „gute" Lösung finden
Lösungserarbeitung	ca. 25	• die Kriterien zu einem Lösungsbild verbinden • Skalenwert ermitteln und sich die Skala „hinaufarbeiten"
Bildung konkreter Maßnahmen	ca. 10	• Festlegung: Was genau will der Coachee (bis) wann tun – und wann überprüft er seine persönlichen Erfolge?

Tab. 1: Die Phasen und Phasenziele des Coachinggesprächs im Überblick (nach Radatz 2000)

Und darin besteht meiner Erfahrung nach ein großer Unterschied zwischen den Coachings externer BeraterInnen und jenen von Führungskräften: Wenn Führungskräfte Coachings anbieten, dauern diese meist viel kürzer – etwa 30 Minuten –, weil die Phasen meiner Erfahrung nach nicht so intensiv durchgearbeitet werden.

3.1 Start und Problemdefinition

Die Fragen „Worum geht's?" oder „Was steht an?" sind aus meiner Sicht gute Startfragen, um ein Coaching in Gang zu bringen. Achten Sie darauf, dass die Phase der Problemschilderung nicht ausufert; hier gilt meiner Erfahrung nach: 1–3 Minuten reichen vollauf. Dann spätestens sollte der Coach behutsam unterbrechen, zusammenfassen und zur Zielformulierung übergehen, um nicht gemeinsam mit dem Coachee im „Problemsee" zu schwimmen (siehe Tabelle 2).

Fragemöglichkeiten	Ziel der jeweiligen Fragen
• Woran würden Sie merken, dass das Problem gelöst ist?	Unterschiede zwischen Problem- und Lösungssituation erarbeiten
• Wer würde sich dann anders verhalten? • Wie würde sich jeder einzelne Beteiligte dann anders verhalten?	Unterschiede zwischen Problem- und Lösungsverhalten erarbeiten
• Was könnten Sie tun, damit es noch schlimmer wird?	Erarbeiten des eigenen Verhaltens, das zur Problemsituation beiträgt
• Was könnten (die jeweils anderen „Beteiligten") tun, damit die Situation noch schlimmer wird? • Wie können Sie erreichen, dass die anderen alles dazu tun, dass es schlimmer wird?	Herausarbeiten des Verhaltens aller Beteiligten, die die Problemsituation mit herbeiführen – und des eigenen Verhaltens, das das Verhalten der jeweils anderen erst bewirkt
• Was sind erste Anzeichen des Problems? • Woran merken Sie, dass das Problem wieder im Kommen ist?	Erarbeitung der „Problemanzeichen" zur „Früherkennung"

3.2 Zielerarbeitung

• Was tun Sie meistens, wenn Sie merken, dass das Problem wieder im Kommen ist?	Erarbeitung typischer Muster der Reaktion auf Frühwarnzeichen, die genau zum Problem führen
• Was tun Sie in der Problemsituation, was Sie sonst nicht tun?	Entwicklung typischer Merkmale und Charakteristika des Problems
• Was ist allen Problemsituationen, in denen Sie die Ergebnisse bemerken, gemeinsam? • Was tun Sie da immer gleich? Was tun andere immer gleich? Welche Situationen entstehen da in einer ähnlichen Weise?	Schließen von verschiedenen Problemsituationen auf Problemverhaltensmuster, die in allen Situationen und immer wieder angewandt werden
• Wer hat etwas davon, dass das Problem aufrechterhalten bleibt? • Wem nutzt das Problem?	Erarbeiten, wer mit dem Kunden „in einem Boot" sitzt und wer gegen ihn arbeitet
• Wenn wir davon ausgehen, dass alles Sinn hat, was ein Mensch tut – welchen Sinn könnte es für Sie haben, das Problem aufrechtzuerhalten?	Gründe für das fortwährende Bestehen des Problems finden
• Was müsste wer tun, damit Sie das von Ihnen als problemhaft bezeichnete Verhalten nicht mehr anwenden müssten?	Wechselbeziehungen zwischen Problem und Ziel herausarbeiten

Tab. 2: Fragen, die dem Coachee helfen, sein Problem besser zu verstehen (nach Radatz 2000)

3.2 Zielerarbeitung

Im systemischen Coaching beschäftigen wir uns wenig mit der Vergangenheit und ausführlich mit der Zukunft. Die Frage „Und was ist Ihr Ziel in dieser Sache?" ist eine Frage, die von vielen Coachees mit „Nicht-mehr"-Sätzen beantwortet wird, z. B.: „Ich will nicht mehr der Idiot sein, der alles für alle macht."

Hier hilft die Frage „Was anstatt dessen?", zu einem positiv formulierten Ziel zu kommen.

Eigenschaften eines „wohl definierten" Zieles im Coachingprozess (nach Radatz 2000):

1. Das Ziel sollte in Inhalt, Ausmaß und Zeitbezug klar definiert sein.
2. Die Umsetzung des Ziels sollte unter dem hundertprozentigen Einfluss des Kunden stehen.
3. Das Ziel sollte eher klein als (zu) groß sein.
4. Es sollte interaktional sein.
5. Es sollte den Beginn von etwas erfassen (und nicht das Ende).
6. Es sollte etwas sein, das wie ein „Wunder" erscheint oder zumindest in Richtung eines Wunders geht (im Sinne von „etwas anderes als bisher").
7. Das Ziel sollte in konkreten, spezifischen, verhaltensbezogenen Worten bzw. Ausdrücken beschrieben werden.

Das Ziel sollte eventuelle Bedingungen mit berücksichtigen.

Ich unterscheide bei der Zielerarbeitung im Coaching zwischen situationsverändernden und verhaltensoptimierenden Lösungen. Diese Unterscheidung entspricht Gunther Schmidts Einteilung in „erstbeste" und „zweitbeste" Lösungen; allerdings verwende ich bewusst andere Begriffe dafür, da es für mich keinen Wertunterschied zwischen den beiden Arten von Lösungen gibt; sie bezeichnen nur Handlungsmöglichkeiten innerhalb zweier unterschiedlicher Handlungsrahmen:

Situationsverändernde Lösungen können wir immer dann erarbeiten, wenn die Lösung zu 100 % unter dem Einfluss des Betreffenden steht, d. h., wenn dieser sie eigenständig erarbeiten kann (z. B. die Entscheidung, einen neuen Job anzunehmen oder nicht; einen Projektablauf zu konzipieren, sofern dies in seiner Macht steht; eine ideale, maßgeschneiderte Form des Umgangs mit Kunden zu finden etc.).

Sobald wir merken, dass für das Problem eine situationsverändernde Lösung gefunden werden kann, können wir ein ganz nor-

3.2 Zielerarbeitung

males Coachinggespräch führen, wie es im Ablauf beschrieben ist, und etwa mit der Frage beginnen: „Woran würden Sie denn merken, dass Sie ... (... eine gute Entscheidung getroffen, einen optimalen Ablauf konzipiert, einen idealen Umgang mit den Kunden gefunden haben)?"

Verhaltensoptimierende Lösungen müssen sehr viel häufiger als situationsverändernde Lösungen gesucht werden. Das sind Lösungen zu Problemen, deren Lösung eben nicht im hundertprozentigen Einfluss des Coachee stehen (z. B. die Entscheidung, eine Aufgabe zu übernehmen oder nicht; die Kollegen dazu zu bewegen, sich kooperativer zu verhalten; die Arbeitsbedingungen zu verändern; den Chef zu verändern etc.).

Wenn wir merken, dass die Lösung auf das Problem nicht unter dem 100%-igen Einfluss des Coachees steht, müssen wir ihn dabei unterstützen, eine Lösung zu suchen, die nicht die Situation verändert (denn diese müssen wir ja als gegeben hinnehmen), sondern die *ein anderes Umgehen des Coachees mit der bestehenden Situation zum Ziel* hat, z. B. so: „Sie können ja nun diese Situation nicht ganz einfach verändern. Daher können wir uns nur überlegen, was Sie tun können, um mit dieser Situation besser umzugehen! Ist das für Sie in Ordnung?" Diese Situation erfordert viel Fingerspitzengefühl im Coaching!

Fragen zur Zielformulierung:

- Was ist in diesem Fall Ihr Ziel?
- Welches Ziel haben Sie denn in dieser Situation?
- Welches Ziel möchten Sie denn in dieser Sache gerne erreichen?
- Und wo möchten Sie gerne hin, gesetzt den Fall, es ließe sich machen?
- Was möchten Sie idealerweise erreichen?
- Woran würden Sie erkennen, dass Sie Ihr Ziel erreicht haben?

- Wer würde an welchem Verhalten von Ihnen merken, dass Sie Ihr Ziel erreicht haben?
- Wenn Sie dieses Coaching mit einer Taxifahrt vergleichen – ich wäre der Taxifahrer, Sie wären der Fahrgast, der bestimmt, wo's hingeht und welchen Weg wir wählen, und das Coaching wäre unser Taxi: Was würden Sie denn mir als Taxifahrer sagen, wo's hingehen soll?

3.3 Ein klarer Auftrag

Viele Coachinggespräche verlieren sich im Endlosen, weil nicht schon am Beginn geklärt wird, was vom Coach im Gespräch erwartet wird.

Die Fragen „Und was erwarten Sie sich von diesem Gespräch?" oder „Und zu welchem Ergebnis sollten wir diesbezüglich heute kommen?" oder „Und was können wir hier dazu besprechen, damit Sie eine gute Lösung entwickeln können?" führen dazu, dass der Coachee dem Coach einen klaren „Auftrag" gibt – wobei Letzterer dann überlegen muss, ob er ihn so annehmen kann und will.

Nicht selten befinden sich unter den Aufträgen der Coachees „unmoralische Angebote" wie „Ich möchte, dass Sie mit dem Teamleiter des anderen Teams ein klärendes Gespräch führen" oder „Sagen Sie doch meinem Kollegen mal in Ihrer Funktion, dass er mich nicht so behandeln kann". Aufträge dieser Art können jedes Coaching ins Gegenteil verkehren: Plötzlich ist der Coach am Zug und handelt, denkt und lenkt für den Coachee. Da ist es wichtig, als Coach klar zu sagen, welche Aufträge man in welcher Form anzunehmen bereit ist.

Mit dem Auftrag gestalten wir also das gemeinsame Beratungssystem, an dem nur Coach und Coachee teilnehmen bzw. teilhaben. Wir erarbeiten das gemeinsame *Ziel* für das Gespräch (das ist nicht das Ziel des Coachees in seinem eigenen sozialen System! – z. B. könnte der Coachee das Ziel in seinem eigenen sozialen System haben, „besser mit meinen Mitarbeitern zu kommunizieren", und das Ziel im Beratungssystem, das er als Auftrag an den Coach formuliert, lautete dann, „gemeinsam Kriterien für eine angemessene Mitarbeiterkommunikation zu erarbeiten"). Und wir erarbeiten einen *Beratungsprozessablauf*, bestimmte *Entscheidungsstrukturen* für den Prozess, eine passende *Kommunikationsstruktur* und – falls notwendig – bestimmte *Spielregeln* für das Miteinander.

3.4 Lösungsfokussierung: Kriterien der Zielerreichung festlegen

Es ist für jeden Menschen schwirig bis fast unmöglich, nach der Formulierung des anstehenden Themas auf die Frage, „Und was ist die Lösung dazu?", adäquat zu antworten. Daher nähern wir uns im systemischen Coaching der Lösung über den Umweg der Lösungsfokussierung – indem wir fragen: „Woran werden Sie denn erkennen, dass Ihr Problem gelöst ist bzw. dass Sie Ihr Ziel erreicht haben?"

Nicht lockerlassen! Fragen Sie so lange: „Woran noch?", bis wirklich alle Kriterien einer guten Lösung auf dem Tisch liegen. Aber in der Lösungsfokussierung geht es nicht nur darum, den Coachee nach all seinen persönlichen Kriterien einer guten Lösung zu fragen – sondern auch nach den Kriterien, an denen aus seiner Sicht andere Beteiligte erkennen, dass der Coachee eine gute Lösung gefunden hat.

Fragen nach den Kriterien für eine gute Lösung:

- Woran an Ihrem Verhalten würden Sie erkennen, dass Sie eine gute Lösung gefunden haben?
- Woran würden andere Menschen erkennen, dass Sie eine gute Lösung gefunden haben?
- An welchem Verhalten der Beteiligten X, Y, Z ... würden Sie erkennen, dass die Lösung eingetreten ist?

- Was sind für Sie Kriterien einer guten Lösung? Was sind für andere hierbei wichtige Menschen Kriterien einer guten Lösung?
- Welche Kriterien müsste eine Lösung aufweisen, damit Sie sagen: „Genau diese!"?
- Angenommen, wir hätten jetzt ein Dutzend interessanter Lösungen gefunden:
  a) Welche Eigenschaften wären all diesen Lösungen gemeinsam?
  b) Nach welchen Kriterien würden Sie die für Sie maßgeschneiderte Lösung heraussuchen?
- Was darf eine gute Lösung keinesfalls beinhalten?
- Was müssen wir beachten, wenn wir nach einer maßgeschneiderten Lösung für Sie suchen?
- Was alles tun Sie anders, wenn Sie die Lösung gefunden haben?
- Was alles tun die Beteiligten X, Y, Z ... anders, wenn Sie die Lösung gefunden und umgesetzt haben?
- Welche Eigenschaften hätte der Film, den Sie über Ihre Lösung drehen würden?
- Welche Anweisungen stehen in der Gebrauchsanleitung für Ihre Lösung?

3.5 Lösungserarbeitung und Skala zur Erfolgsüberprüfung

Erst jetzt ist es Zeit, den Coachee ein klares Lösungsbild zeichnen zu lassen – unter den Fragen: „Und wie sieht jetzt Ihre Lösung konkret aus?", „Was tun Sie da (anders)"? „Was tut jeder einzelne andere da anders?"

Die Skalenarbeit ist ein Vermächtnis Steve de Shazers. Sie kann in jedem Coachinggespräch zu ganz unterschiedlichen Zeitpunkten angewandt werden, um zu klären:

- ob die Richtung des Coachinggesprächs noch stimmt
- wie nahe der Coachee der Lösung schon ist

3.5 Lösungserarbeitung und Skala zur Erfolgsüberprüfung

- und was nächste hilfreiche Fragen im Gespräch sein könnten.

Die Frage lautet: „Auf einer Skala von 0 bis 10 – wenn 0 der Zeitpunkt ist, an dem Sie beschlossen haben, dass Sie mit mir über dieses Thema sprechen möchten, und 10 ist der Punkt, an dem Sie Ihr geschildertes Ziel erreicht haben: Wo stehen Sie gerade jetzt?"

Was immer Ihr Coachee antwortet („5", „3,21", „zwischen 4 und 5") – es gibt Ihnen einen Hinweis darauf, wie nahe Sie schon seiner individuellen Lösung sind. Die Fragen: „Und welche Frage müsste ich Ihnen jetzt stellen, damit Sie um eine Stufe höher kommen können?" und „Und welches Verhalten zeigen Sie, wenn Sie um eine Stufe höher sind? Was bewirkt dieses Verhalten wiederum bei den anderen? Und was tun Sie daraufhin? Und an welchem Punkt sind Sie dann auf Ihrer Skala?", bringen Sie zu einem guten Coachingende.

Fragen zu den Details der Skalenstufen:

1. Woran würden denn die anderen erkennen, dass Sie um eine Stufe höher, also in Ihrem Fall auf sechs, gekommen wären?
2. Und was würden Sie tun, damit die anderen überhaupt so weit kommen, Sie dort angelangt einzuschätzen?
3. Und was sehen die anderen für einen Unterschied zwischen Ihrer Stufe 6 und, sagen wir, 7?
4. Und was tun Sie da anders?
5. Und was tun die anderen daraufhin, was sie sonst nicht tun würden? (Bzw. was tun sie nicht mehr, was sie bisher getan haben?)
6. Und wenn die anderen das tun – wo stehen Sie dann auf Ihrer Skala? [Meist lautet dann die Antwort: „Um noch einen halben Punkt" oder „einen Punkt höher."]
7. Und wenn Sie dann durch dieses veränderte Verhalten der anderen auf 8 gekommen sind, was tun Sie bei 8, damit die

anderen denken, Sie müssten jetzt schon auf 8 sein – auch wenn Sie nur so tun, als würden Sie bereits Ihr Verhalten auf 8 zeigen?
Etc.

3.6 Maßnahmenbildung

Die Frage, „Was tun Sie nun (morgen) konkret?" ist in manchen Coachinggesprächen wichtig – in anderen nicht notwendig. Schätzen Sie selbst von Fall zu Fall ab, inwieweit Sie den letzten Schritt benötigen!

Phase	typische Fragestellungen
Einstieg ins Coachinggespräch	• Wie läuft's? • Was macht die Arbeit? • Wie geht es Ihnen im Team bzw. in der neuen Position?
Situationsschilderung	• Worum geht's? • Was führt Sie zu mir? • Was ist der Anlass für das Coaching? • Was wird von wem als Problem bezeichnet? • Was bzw. wer erhält wie das Problem am Leben? • Wie beschreiben oder erklären sich oder bewerten die unterschiedlichen Beteiligten das Problem? • Wie würde ein außen Stehender das Problem beschreiben? • Wenn ich mit Ihren Mitarbeitern dieses Problem besprechen würde, wie würden diese die Situation beschreiben? • Wie können Sie sich erklären, dass es diese Situation (immer noch) gibt? • Skalierungen • Woran ist für Sie das Problem erkennbar? • Welche Personen bzw. Bereiche sind vom Problem betroffen? • Wer hat mehr, wer weniger Anteil an der derzeitigen Situation? • Wer profitiert mehr, wer weniger von der derzeitigen Situation? • Was ist bewahrenswert an der derzeitigen Situation? • Was haben Sie bisher zur Lösung des Problems unternommen? Woran ist diese Lösung gescheitert? • Wem ist das Problem nützlich? • Welche Auswirkungen hat es, wenn das Problem gelöst wird oder wenn das Problem nicht gelöst wird?

3.6 Maßnahmenbildung

vom Problem zum Ziel	• Was ist Ihr Ziel? • Was möchten Sie (idealerweise) erreichen? • Was möchten Sie in diesem Falle optimalerweise erreichen? • Was würde an die Stelle des Problems treten, wenn es plötzlich verschwinden würde?
Auftragsgestaltung	• Was müssten wir (beide) heute, hier und jetzt tun, damit Sie Ihr Ziel (dort draußen) erreichen? • Was müsste heute, hier und jetzt passieren, damit sich das Gespräch für Sie auszahlt? • Was müsste hier passieren, damit das Gespräch für Sie sinnvoll ist? • Und was können wir (beide) hier und jetzt tun, um das Problem zu lösen? • Was sollte das Ergebnis unseres Coachings sein? • Welches Thema sollten wir als Erstes besprechen? • Was kann ich als Coach dazu tun, dass dieser Termin im Rückblick für Sie erfolgreich war? • Welche Aufgaben werden Sie übernehmen, welche soll ich übernehmen? • Was wünschen Sie sich von mir, dass ich tue, damit das Coaching für Sie ein Erfolg wird? • Wenn Sie sich etwas wünschen können – was sollte im heutigen Coaching passieren? • Woran an meinem Verhalten werden Sie im heutigen Gespräch merken, dass ich Ihnen helfen kann? • Welche Rahmenbedingungen sollten wir heute unbedingt beachten? • Wie viel Zeit möchten Sie für das heutige Gespräch verwenden?
Lösungsfokussierung	• Welche Kriterien müsste die Lösung erfüllen, damit sie für Sie eine gute Lösung darstellt? • Wer außer Ihnen wäre von der Lösung noch betroffen? Woran würden diese Personen merken, dass Sie eine gute Lösung gefunden haben? • Wer würde mehr, wer weniger, wer gar nicht von der Lösung profitieren? • Was können Sie tun, damit die Situation noch schlimmer wird? • Skalierungsfrage: Was müssten Sie denn tun, um auf Ihrer Skala zwischen 0 und 10 um nur einen Schritt höher zu kommen?

Lösungs-fokus-sierung *(Fort-setzung)*	• Woran würden Sie merken, dass Ihr Problem nicht mehr besteht? • Welche Auswirkungen hätte es, wenn Sie die Lösung bereits morgen umsetzen würden? Und womit würden Sie da konkret beginnen? • Was würde Herr X sagen, dass Sie tun müssten, um das Problem loszuwerden? • Was würde Frau Z sagen, dass Sie ändern müssten, um der Lösung einen Schritt näher zu kommen? • Wie würden Sie sich, wenn Ihr Ziel schon erreicht ist, *anders* verhalten als jetzt? Und wie würden die anderen reagieren? •
Lösungs-gestaltung	• Was tun Sie, was tun die anderen, wenn Ihr Ziel erreicht ist? • Was unterlassen Sie, was unterlassen andere, wenn Ihr Ziel erreicht ist? • An welchem Verhalten von Ihnen (und von anderen beteiligten Personen) würde Herr Y merken, dass Ihr Ziel schon erreicht ist? • Nehmen wir an, Ihr Ziel wäre schon erreicht – wer verhält sich da wie? • Wer sagt was in welcher Form zu wem (nicht mehr), wenn Ihr Ziel erreicht ist? • Skalenfragen: Wo stehen Sie derzeit? Was tun Sie anders, wenn Sie um einen Punkt höher stehen? • Wie würden Sie sich, wie die anderen sich in Reaktion darauf verhalten, wenn die Situation um einen halben Skalenpunkt verbessert wäre?
Bildung konkreter Maßnahmen	• Was werden Sie wann genau tun? • Was werden Sie jetzt als Erstes tun? • Was werden Sie ab morgen anders machen? Was werden Sie beibehalten? • Welches sind Ihre ersten konkreten Schritte, die Sie nun setzen? • Welche Maßnahmen werden Sie nun konkret setzen?

Tab. 3: Ein Überblick über professionelle systemische Fragen in jeder Coachingphase (nach Radatz 2000)

4 Der Umgang mit unterschiedlichen situativen Verhaltensweisen der Coachees im Coachinggespräch

Systemisches Coaching wende ich immer nur dann an, wenn Coachees mit einem Problem von sich aus zu mir als Coach kommen.

Dabei können die Coachees in einem Coachinggespräch ganz unterschiedliche situative Haltungen oder Mischformen dieser Haltungen einnehmen (Radatz 2003, S. 137 ff.), auf die meiner Meinung nach vonseiten des Coachs maßgeschneidert eingegangen werden sollte.

4.1 Situatives Verhalten eines „Kunden"

Ein Coachee hat ein Problem, das er mit dem Coach in einem Coaching lösen will. Dies ist die beste und einfachste Ausgangsvoraussetzung für ein Coaching; allerdings ist sie nicht allzu häufig anzutreffen!

4.2 „Co-BeraterInnen"

Coachees können mit einem Problem zum Coach kommen, das sie eigentlich schon gelöst haben. Im Gespräch wollen sie lediglich das Wissen des Coachs überprüfen und feststellen, ob er auch ein für seine Funktion adäquates Wissen hat – und ihn gegebenenfalls belehren, wie es „richtig" geht.

In einem solchen Fall ist Wertschätzung besonders wichtig – den Coachees zu zeigen, dass man noch etwas von ihnen lernen kann. Gleichzeitig muss ihnen aber auch klar gesagt werden, dass man selbst als Coach eben nicht dafür bezahlt wird, alles inhaltlich im Detail zu wissen – sondern dafür, dass der Prozess des Coachings gut läuft.

Fragen wie „Wie würden denn Sie an das Problem herangehen, wenn ich nicht da wäre?" oder „Wie machen Sie das genau? Was kann ich von Ihnen lernen?" sind adäquate Fragen, die gleichzeitig dem Coachee detaillierte Reflexion über sein Vorgehen ermöglichen und sein Fachwissen würdigen.

4.3 „Klagende"

Klagen ist eine bei Coachees sehr häufig anzutreffende Grundhaltung. Kennzeichen dabei ist, dass die Coachees gar keine Lösung zu wünschen scheinen – oder keine für möglich halten. Vielmehr geht es ihnen darum, dem Coach ihr Leid klagen zu können; mit dem Ziel, mehr Wertschätzung zu erhalten, versteckt oder offen Kritik an der Situation oder an bestimmten Menschen in ihrem sozialen System zu üben oder eben zu demonstrieren, dass sich Mitarbeiter nur als „kleine Schrauben" im Getriebe fühlen und selbst keine Abhilfe schaffen können. In diesem Fall ist die Frage „Woran würden Sie denn erkennen, dass dieses Gespräch hilfreich für Sie war?" von besonderer Wichtigkeit. Sie kann übrigens einige Male gleich lautend wiederholt werden – so lange, bis sie auch tatsächlich „gehört" und beantwortet wird.

4.4 „BesucherInnen"

BesucherInnen kommen in der Rolle des „Botschafters" zum Coach: Denn nicht sie haben das Problem und nicht sie haben die Aufgabe, in ihrem Handeln etwas zu verändern, sondern andere – Kollegen, andere Teams, der Vorgesetzte des Vorgesetzten.

Hier geht es insbesondere darum, den Coachees verständlich zu machen, dass es wunderschön wäre, die anderen ändern zu können – aber dass dieses Vorhaben wohl nicht von besonderem Erfolg gekrönt wäre. Daher kann es nur darum gehen, ein veränder-

4.4 „BesucherInnen"

tes Verhalten beim Besucher oder bei der Besucherin selbst zu erarbeiten, das bewirken könnte, dass wiederum die anderen die Möglichkeit haben, sich ebenfalls anders zu verhalten.

Ich spreche in diesem Fall von der Erarbeitung einer „verhaltensoptimierenden Lösung": der Arbeit daran, wie der Coachee optimal mit einer unveränderbaren Situation umgehen kann.

5 Coachinginstrumente in der Praxis

Den zuvor dargestellten Coachingablauf können wir nun mit beliebigen Fragestellungen füllen, oder wir gestalten ihn ganz elegant als durchgängiges Coachinginstrument – als Gesamt der Instrumente, das durch das gesamte Coaching hindurch angewendet wird, aber dennoch die wichtigen Phasen wie Problemdarstellung, Zieldefinition, Auftragsgestaltung, Lösungsfokussierung, Lösungserarbeitung und Maßnahmen (teilweise implizit) enthält.

Die Wahl der Coachinginstrumente erfolgt idealerweise aufgrund der Ziele des Coachees für das anstehende Coaching. Welche Instrumente ich in meiner Coachingpraxis bislang sehr erfolgreich mit welchen Zielen des Coachees verknüpft habe, stellt Tabelle 4 dar.

In der Tabelle stehen die Zahlen 1–11 für:

1: Anwendung gewöhnlicher systemischer Fragen
2: als nicht erfolgreich bewertete Handlungsmuster unterbrechen
3: Einbeziehung virtueller Experten
4: Einbeziehung virtueller Unbeteiligter
5: innere Teams
6: räumliche und/oder zeitliche Dissoziierung
7: Coachinggoldwaage
8: Rollenwechsel im Coaching
9: 360°-Coaching
10: Personifizierung von Symptomen
11: Symbolisierung mit Bausteinen bzw. Alltagsgegenständen.

5.1 Die Anwendung gewöhnlicher systemischer Fragen

Ziele des Coachees	Coachinginstrumente										
	1	2	3	4	5	6	7	8	9	10	11
Abstand von einer bzw. Klarheit über eine Situation gewinnen	x		x	x	x	x			x		x
anstehende Entscheidung	x		x	x	x	x	x		x		
Zukunftsentwurf, Planung	x		x			x			x		x
Wie umgehen mit einem Thema bzw. einer Person?	x		x	x		x		x			
an (psycho)somatischen Beschwerden arbeiten	x		x	x		x				x	
Arbeit an den eigenen Verhaltensmustern bzw. Optimierung der Verhaltensmuster	x	x	x	x	x			x			
Ordnung für sich schaffen	x		x	x	x				x		x
Vorbereitung eines wichtigen Gesprächs	x		x		x			x			

Tab. 4: Die Zuordnung von Coachinginstrumenten zu Zielen des Coachees

5.1 Die Anwendung gewöhnlicher systemischer Fragen

Systemische Fragestellungen, wie ich sie in Kapitel 3 vorgestellt habe, können wir praktisch immer anwenden. Wichtig dabei ist nur, den Faden nicht zu verlieren und jedes Thema so auszuschöpfen, dass der Coachingprozess als rund empfunden und die Lösung in einem möglichst effizienten Prozess erarbeitet wird.

Die meisten angehenden Coachs in unseren Ausbildungen am ISCT empfinden es in den Anfängen ihrer Coachingtätigkeit immer ungleich schwieriger, „einfach systemische Fragen" im Prozess anzuwenden, als einem klar strukturierten Coachingprozess zu folgen.

Deshalb möchte ich hier einen Entscheidungsbaum vorstellen, der die Arbeit mit ungeordneten systemischen Fragen erleichtert

5 Coachinginstrumente in der Praxis

und hilft, auch ohne klare Vorgaben den Überblick im Prozess zu bewahren.

In diesem Entscheidungsbaum steht stets eine Phase des Sammelns auf breiter Ebene mit einer Phase des in die Tiefe gehenden Kriteriensuchens im Wechselspiel, etwa so, wie in Abbildung 4 dargestellt.

1. Sammlung (auf breiter Ebene):

Ausgehend vom Ziel, werden zunächst alle Personen und/oder Themen und/oder Situationen gesammelt, die man beleuchten muss, um das Ziel zu erreichen.

Beispielhafte Fragestellungen:
- Wer würde es merken, wenn Sie Ihr Ziel erreicht hätten? Wer noch? Wer noch?
- Welche Themen müssen wir bearbeiten, damit Sie Ihr Ziel erreichen? Welche noch? Welche noch?
- Welche Situationen müssen wir besprechen, damit Sie Ihr Ziel erreichen?

2. Kriteriensuchen (in der Tiefe):

Für jede einzelne genannte Person und/oder Themenstellung und/oder Situation wird dann in die Tiefe gefragt – und zwar so lange, bis bei dieser Person und/oder Themenstellung und/oder Situation aus Sicht des Coachees alles ausgeschöpft ist, das zur Zielerreichung beitragen könnte. Erst dann wird im Entscheidungsbaum wieder hinaufgegangen, um den nächsten Punkt aus der Sammlung auf breiter Ebene für die Kriteriensuche zu verwenden.

Beispielhafte Fragestellungen:
- Woran würde denn X merken, dass Sie Ihr Ziel erreicht haben? Woran noch? Woran noch?
- Und wenn Sie das täten – was täte X dann? Was noch? Was noch?
- Und was wäre Ihre Reaktion daraufhin?
- Und welche Auswirkungen hätte das auf Ihre ganze Belegschaft?

Abb. 4: Der Entscheidungsbaum im Coaching

5.2 Als nicht erfolgreich bewertete Handlungsmuster unterbrechen

Es gibt Handlungsmuster, die wir als erfolgreich ansehen – für diese gilt: „If something works, do more of the same" (Steve de Shazer). Und es gibt Handlungsmuster, die wir als nicht (so) erfolgreich ansehen, genauer: bei denen immer wieder Ergebnisse herauskommen, die wir als nicht (so) gut bewerten.

Diese Handlungsmuster können wir im Coaching (oder sogar im Selbstcoaching) bewusst infrage stellen und neue, alternative Wege im Handlungsablauf entwerfen – nach folgendem Ablauf.

5.2.1 Problemerfassung

- *Worum geht's?*

Damit dieses Instrument sinnvoll ist, sollte das beschriebene Problem ein Handlungsmuster sein, in dem folgende oder ähnliche Wörter und Ausdrücke enthalten sind: „Immer ...", „... schon wieder ...", „... wieder ..." oder „Jedes Mal ...". Natürlich können nur Handlungsmuster bearbeitet werden, in denen der Coachee eine tragende Rolle spielt. Handlungsmuster, in denen der Coachee nicht vorkommt (bei denen er nur unter dem Ergebnis leidet), können nicht mit diesem Instrument bearbeitet werden.

5.2.2 Ziel

- *Was ist Ihr Ziel?*

5.2.3 Auftrag

- *Was sollten wir hier besprechen, damit Sie dieses Ziel erreichen?*

Das Instrument ist gut anwendbar, wenn das Ziel mit einer Veränderung des Handlungsmusters zusammenhängt und auch der

Auftrag in die Richtung geht, das Handlungsmuster genauer anzusehen und Veränderungen zu schaffen.

5.2.4 Lösungsfokussierung

- *Welches Ergebnis kommt immer wieder heraus, das Sie in Zukunft nicht mehr erleben wollen?*

Schreiben Sie dieses „unerwünschte Ergebnis" des Handlungsmusters ganz unten auf einem Blatt auf.

- *Wie beginnt das Muster, wo aber „der Himmel noch blau ist und die Sonne noch scheint"?*

Schreiben Sie ganz oben auf ein Blatt, mit welcher Handlung des Coachees das unerwünschte Handlungsmuster beginnt.

Schreiben Sie dann nacheinander akribisch jede Handlung des Coachees und der anderen Beteiligten auf, die dazu führen, dass am Schluss das unerwünschte Ergebnis herauskommt. Stellen Sie dazu folgende Fragen:

- *Was tun Sie dann, damit am Schluss jedenfalls das unerwünschte Ergebnis herauskommt?*
- *Und was tun die anderen dann in Reaktion darauf?*
- *Und was tun Sie wiederum, damit am Schluss jedenfalls das unerwünschte Ergebnis herauskommt? Etc. (siehe Abb. 5).*

5.2.5 Lösungserarbeitung

Rahmen Sie dann jene Handlungen rot ein, die unter dem Einfluss des Coachees stehen (die der Coachee verändern *kann*):

- *Welche Handlungen können Sie verändern (zunächst einmal unabhängig davon, ob Sie sie verändern wollen)?*

Rahmen Sie danach innerhalb der „roten" Handlungen jene blau ein, die der Coachee auch verändern *will*:

5.2 Als nicht erfolgreich bewertete Handlungsmuster unterbrechen

- *Welche von den Handlungen, die Sie verändern können, wollen Sie auch verändern? Wo wollen Sie an die Stelle Ihres bisherigen Verhaltens andere Handlungsweisen setzen?*

Nun schreiben Sie zu jeder „blauen" Handlung alternative Vorgangsweisen auf, die mit hoher Wahrscheinlichkeit nicht zum unerwünschten Ergebnis führen:

- *Was könnten Sie anstatt dieser Handlung tun, sodass Sie mit Sicherheit nicht das unerwünschte Ergebnis erreichen?*
- *Was noch?*
- *Was noch?*

5.2.6 Maßnahmen

- *Wenn Sie sich das bestehende Handlungsmuster und Ihre Handlungsalternativen darin nun nochmals ansehen: Welche Maßnahmen werden Sie nun setzen?*

Ich habe durchaus schon oft erlebt, dass Coachees – wenn Sie die Alternativen zum aktuellen Handlungsmuster klar vor Augen haben – doch bei diesem bleiben und den „Preis" dieses Handlungsmusters in Kauf nehmen, der ihnen im Vergleich zu den anderen „Preisen", die sie zahlen müssten, wenn sie sich anders verhielten, immer noch gering erscheint. Diese Entscheidung sehen die Coachees in der Regel auch als eine Lösung ihres Problems an – denn sie entscheiden sich nun bewusst für das Bestehende und haben alle aus ihrer Sicht möglichen anderen Handlungsmuster in ihrer Entscheidung mit bedacht.

Abb. 5: Das bei einem Musterveränderungscoaching aufgezeichnete Handlungsmuster (nach Radatz 2006)

5.3 Einbeziehung virtueller Experten

Sehr häufig können wir im Coaching die Handlungsmöglichkeiten des Coachees erweitern, indem wir einen von ihm gewählten Experten (natürlich virtuell) zum Coachinggespräch einladen.

Diese Methodik basiert auf meiner häufig erlebten Wahrnehmung, dass wir in Problemsituationen feststellen, jemand *anders*

5.3 Einbeziehung virtueller Experten

(ein bestimmter Freund, ein Vorgesetzter, ein Experte auf diesem Gebiet, die Mutter oder der Vater; oder auch jemand uns persönlich ganz Unbekanntes, wie etwa ein berühmter Sportler, Musiker, Geistlicher oder Philosoph etc.) könnte unser Problem mit links lösen bzw. mit diesem Problem ganz einfach und spontan so umgehen, dass er sofort eine Lösung dafür finden könnte.

Und das hat ja auch durchaus seine Berechtigung, wenn wir davon ausgehen, dass nur der Probleminhaber das Problem hat (z. B. den Wald vor lauter Bäumen nicht mehr sieht), die anderen um ihn herum aber genau dieses Problem nicht haben und daher viel gelassener an die Dinge herangehen können.

Der Unterschied zwischen der Einbeziehung eines virtuellen Experten und einem Ratschlag, den wir dem Coachee geben, besteht aus meiner Sicht darin, dass im ersten Fall der Coachee selbst die Ideen des virtuellen Experten formuliert (d. h. alle aus seinem eigenen Denkrahmen heraus möglichen Handlungsalternativen entwirft – allerdings wesentlich erleichtert durch die neuen Perspektiven, die er mithilfe des virtuellen Experten einnehmen kann), während er im zweiten Fall Handlungsansätze serviert bekommt, die zwar unglaublich gut gemeint sein können, aber mit Sicherheit nicht oder nur zufällig als zum eigenen Denkrahmen passend erlebt werden.

Das Instrument des virtuellen Experten eignet sich immer dann, wenn der Coachee mit seinen eigenen Ideen an seine Grenzen stößt, wenn er immer wieder sagt, dass er keine Idee, keinen Ansatzpunkt für eine Lösung hat.

5.3.1 Problemschilderung, Ziel, Auftrag

Wir beginnen ein ganz gewöhnliches Coachinggespräch (Problemschilderung, Ziel, Auftrag) – und wenn wir merken, dass es günstig wäre, einen Experten hereinzuholen, dann fragen wir den Kunden nach einem solchen: nach jemandem, den er persönlich oder aus Film, Funk und Fernsehen oder der Zeitung kennt und der sein anstehendes Problem aus seiner Sicht „mit links" lösen könnte.

5.3.2 Lösungsfokussierung

Diesen laden wir „virtuell" ein – mit den Worten:

- „Schön, dass Sie da sind, Herr/Frau X, darf ich Sie bitten, sich hierher zu setzen [leeren Stuhl anbieten!]? Sie haben ja jetzt kurz gehört, worum es geht, und was sagen Sie nun dazu? – Und, Herr/Frau [Coachee], was glauben Sie, was X jetzt sagen würde?"
- „Was noch?" „Was noch?"
- „Und was würde X Ihnen konkret raten zu tun? Was wären die ersten Ansatzpunkte dafür, eine gute Lösung herbeizuführen?"

Wenn alles gesagt wurde, wird der virtuelle Gast höflich verabschiedet, und der Kunde wird gefragt: „Und was nehmen Sie für sich nun daraus mit?"

5.3.3 Lösungserarbeitung, Maßnahmen

Das Coachinggespräch wird mit Lösungserarbeitung (Skala) und Maßnahmen zu Ende geführt.

5.4 Einbeziehung virtueller Unbeteiligter

Sehr häufig reicht es schon, mögliche Sichtweisen eines Unbeteiligten – von jemandem, der mit dieser Situation nicht das Geringste zu tun hat und eher verständnis- und respektlos reagieren würde – einzubeziehen, um eine völlig neue Perspektive zu erhalten.

Diese unbeteiligte Person wird vom Coachee gewählt. Es kann sich dabei um jemanden handeln, der gerade auf der Straße vorbeigeht, um den Schornsteinfeger, die Nachbarn, eine liebevolle Großmutter, die in der Kindheit und Jugend immer mit Rat und Tat zur Seite gestanden hat, etc.

Das Instrument passt immer dann besonders gut, wenn ein Coachee stark assoziiert, also praktisch „komplett vernagelt" ist, was die Lösungsfindung betrifft. Ebenso wie bei der virtuellen Ein-

5.4 Einbeziehung virtueller Unbeteiligter

beziehung von Experten gilt auch hier, dass wir hier nicht Ratschläge geben, sondern vielmehr einen Perspektivenwechsel innerhalb des eigenen Denkrahmens des Coachees anregen – der vielfach auch die Schwere des Problems relativiert. Hier die Vorgangsweise:

5.4.1 Problemschilderung, Zielformulierung und Auftrag
Danach beginnen Sie mit den spezifischen Fragestellungen.

5.4.2 Lösungsfokussierung
- „Stellen Sie sich jemanden vor, der mit der anstehenden Situation bzw. Sache nicht das Geringste zu tun hat: einen Künstler etwa oder einen Gärtner oder vielleicht sogar ein Kind. Überlegen Sie sich die Reaktion dieser Person auf Ihre Problemschilderung: Wie würde diese Person reagieren? Was würde sie an Ihrer Stelle in Richtung Lösung tun?"
- „Übertragen Sie diese Reaktion auf Ihr Problem: Was hat die Person zu Ihnen gesagt, das Sie genau für Ihr Problem nutzen können? Angenommen, Sie würden so auf Ihr Problem reagieren, welche Auswirkungen hätte das insgesamt auf Ihre Situation?"

5.4.3 Lösungserarbeitung (Skala)
Wie gewohnt, kann nach der Verabschiedung und der „Nachbesprechung" die Lösungserarbeitung, beginnend mit der Erfahrung des aktuellen Werts auf der Skala, stattfinden. Es kann natürlich sein, dass der Coachee nach der „Einladung des virtuellen Experten" nach wie vor auf seiner Skala bei 0 ist; aber das ist in Ordnung. Dann kann es sein, dass das Konzept eben nicht gepasst hat oder dass der Coachee sich eben nicht genug daraus entnehmen konnte, um für sich eine Lösung oder Ansätze zu einer Lösung zu formulieren. Dann wählt der Coach eben ein anderes Konzept – z. B. die Anwendung gewöhnlicher systemischer Fragen, beginnend mit der Frage:

- „Welche Frage soll ich Ihnen gerade jetzt optimalerweise stellen, damit Sie bei Ihrem Thema weiter kommen?"

5.4.4 Erarbeitung von Maßnahmen

Zum Schluss können noch konkrete Maßnahmen erarbeitet werden, wenn dies aus Sicht des Coachees notwendig ist.

5.5 Innere Stimmen

Viele von uns haben – gerade wenn es um Entscheidungen oder das Abwägen verschiedener Standpunkte geht – verschiedene Stimmen, die bezüglich des Themas miteinander in Streit stehen. Und wer kennt das nicht, die Engelsstimme, die einem zuflüstert: „Tu's nicht! Wer weiß, wofür es gut ist!"; andererseits die Draufgängerstimme, die sehr präsent ist: „Tu's! Eine solche Gelegenheit ergibt sich so schnell nicht wieder!"; und die ängstliche Stimme: „Was aber, wenn es schief geht?" Etc.

Wenn immer es um ein „Einerseits – andererseits" oder um Formulierungen wie „Da habe ich mir dann klar zu machen versucht ...", „Diesbezüglich mache ich mir häufig vor ...", „Da bin ich noch im Unreinen mit mir selbst ..." oder „Ich würde ja gern, aber ich kann nicht" geht, können wir davon ausgehen, dass im Inneren des Coachees zumindest zwei Stimmen gegeneinander kämpfen, während er selbst als „Präsident", als „Regisseur", als „Dirigent" der verschiedenen Stimmen nicht oder zu wenig in Aktion tritt. Er überlässt den Stimmen das Feld zur freien Schlacht – was zur Folge hat, dass letztlich diejenige Stimme gewinnt, die am stärksten in den Vordergrund tritt, und nicht unbedingt ein aus Sicht des Coachees sinnvoller Konsens entsteht.

Das Instrument der inneren Stimmen setzt genau hier an – bei der Schaffung von Konsens. Was zunächst im Ablauf ein wenig „esoterisch" klingt, ist nichts anderes als ein handfestes Sich-auseinander-Setzen mit unterschiedlichen Perspektiven über ein anstehendes Thema; für gewöhnlich drösseln wir diese unterschiedlichen Perspektiven nicht genügend auf, und ihr konfliktäres Miteinander bei Entscheidungen hat häufig Erstarrung zur Folge (wie bei Buridans Esel, der zwischen zwei Heuhaufen verhungert, weil er sich nicht entscheiden kann, von welchem er fressen soll) oder beschert – wenn sich eine der Stimmen auf Kosten der anderen erfolgreich durchsetzt – eine nicht minder problematische kognitive Dissonanz, die im Marketing auch häufig als „Nachkauf-Frust" bekannt ist (nach einer Kaufentscheidung kommt der Frust in Form von allen negativen Aspekten, die der Kauf mit sich gebracht hat). Und so funktioniert das Instrument:

5.5.1 Problemschilderung, Zielerarbeitung, Auftragsformulierung mit dem Coachee
Siehe dazu den Abschnitt 5.3.1.

5.5.2 Detail-Problemschilderung mit Hilfe der inneren Stimmen

Identifizieren Sie zunächst mit dem Coachee gemeinsam die verschiedenen Stimmen, die sich zu dem Thema melden. Der Coachee gibt ihnen die für ihn passenden Namen – z. B. „die ängstliche Stimme" oder „die zielorientierte Stimme" oder „die nutzenmaximierende Stimme". Am besten holen Sie so viele leere Stühle an den Tisch, wie Stimmen identifiziert werden, schreiben jeden Namen einer Stimme auf ein Kärtchen und bringen jedes der Kärtchen an einem eigenen Stuhl an.

Dann setzt sich der Coachee nacheinander in jeden der Stühle und schildert die Situation, die Intention bzw. – wenn es um eine Entscheidung geht – den Entscheidungsvorschlag aus der Perspektive der jeweiligen Stimme heraus. Dabei kann es durchaus sein, dass sich die Stimme des Coachees in jedem Stuhl ein wenig ändert – und auch die Ausdrucksweise. Und die Stimmen können sehr konfliktär aneinander geraten.

5.5.3 Detail-Zielerarbeitung mit Hilfe der inneren Stimmen

Nun setzt sich der Coachee nochmals – beginnend mit jener Stimme, die für ihn in der aktuellen Situation die wichtigste ist – nacheinander auf jeden Stuhl und beleuchtet die Situation aus der Zielperspektive jeder einzelnen Stimme: Welches Ziel verfolgt jede einzelne Stimme bei diesem Thema? Wofür – für welches Anliegen, für welches Ziel – macht sie sich stark? In welche Richtung unterstützt, hilft sie dem Coachee? Wovor bewahrt sie in – im Sinne von: Welchen Nutzen hat das Bestehen dieser inneren Stimme beim konkreten Anlass für den Coachee?

5.5.4 Detail-Lösungsfokussierung mithilfe der inneren Stimmen

Nun führen wir im Coaching eine neue Person ein, die für gewöhnlich in der Auseinandersetzung zwischen den inneren Stimmen fehlt: den Präsidenten, Dirigenten, Regisseur – welche Metapher auch immer passt, sie steht stets für die Person des Coachees: Denn dieser tritt nun aktiv in die Auseinandersetzung ein und sorgt für Ordnung – mit folgenden Fragestellungen:

- Welche dieser Stimmen will ich zu diesem Thema im Vordergrund hören?
- Welche sollte starten, welche erst später einsetzen?
- Welche darf ich keinesfalls vergessen – auch wenn sie noch so unerheblich klingt –, weil ich sonst nach meiner Entscheidung „kognitive Dissonanzprobleme" haben könnte?
- Wozu will ich jede dieser Stimmen genau befragen? Für welche Detailthemen brauche ich sie als Experten?
- Und wenn ich die Stimmen in dieser Choreografie ordne – welche Kriterien der Entscheidung sind dann letztendlich wichtig für mich? Um welche „Hauptthemen" dreht sich dieses „Stück", dieses „Musikstück", diese „Gesellschaft"?

5.6 Räumliche und/oder zeitliche Dissoziierung

5.5.5 Lösungsarbeit
Der Coachee setzt sich nun – seiner neuen Choreografie folgend – auf jeden der Stühle und gibt aus der Perspektive jeder Stimme einen Entscheidungsvorschlag und die dazugehörige Argumentation. Dann setzt er sich wieder auf seinen originären Stuhl, und der Coach fragt ihn: „Was ist nun Ihre Schlussfolgerung daraus?", und beginnt danach mit ihm die Skalenarbeit.

5.5.6 Maßnahmen
Zum Schluss können – falls notwendig – noch Maßnahmen erarbeitet werden.

5.6 Räumliche und/oder zeitliche Dissoziierung

Manchmal sind Menschen so sehr in ihr Problem verstrickt, dass man sie am liebsten aus dem Sessel reißen möchte, um ihnen zu helfen, ihre Situation aus einer etwas größeren Distanz betrachten zu können. Das tun wir verbal, wenn wir mit einer räumlichen bzw. zeitlichen Dissoziierung (Schaffung von Abstand) vom Problem arbeiten.

Dabei eignet sich die zeitliche Dissoziierung besser, um (längerfristige) Auswirkungen deutlich zu machen (bzw. in ein aus Sicht des Coachees „verkraftbareres" Bild zu rücken) – und die räumliche Dissoziierung passt besser, um schlicht und ergreifend Abstand zu schaffen.

5.6.1 Problem, Ziel und Auftragsklärung
Dies geschieht wie gewöhnlich.

5.6.2 Lösungsfokussierung
5.6.2.1 In der zeitlichen Dissoziierung
- Wenn Sie dieses Problem aus einer gewissen Entfernung betrachten – sagen wir, wir befinden uns genau hier an diesem Tisch wie heute, aber es ist genau zehn Jahre später –, wie würden Sie das Problem dann beschreiben?

5 Coachinginstrumente in der Praxis

- Woran würden Sie in einem Monat erkennen, dass Sie das Problem zu Ihrer Zufriedenheit gelöst haben?
- Woran in einem Jahr?
- Woran in fünf Jahren?
- Woran zu Ihrer Pensionierung?
- Woran, wenn Sie – alt und grau geworden – sich zurückziehen und sich privat für Sie interessanten Dingen zuwenden?

5.6.2.2 In der räumlichen Dissoziierung

- Wie würden Sie das Problem beschreiben …
  … von der Bar aus, an der Sie sich am Abend mit Freunden treffen werden?
  … als MarathonläuferIn aus 42 km Entfernung?
  … aus Ihrem Urlaub auf den Fidschi-Inseln heraus?
  … als jemand, der ein Sabbatical Year genommen hat, aber immer wieder in die Firma hineinschnuppert?
- Welche Entfernung erscheint Ihnen als jene, die Ihnen die gelassenste Sichtweise ermöglicht?
- Und wenn Sie sich in diese Situation nochmals genauer, detaillierter hineinversetzen – was würden Sie in Bezug auf Ihr geschildertes Thema konkret anders tun, wenn Sie in dieser Entfernung wären?

5.6.3 Lösungsgestaltung und Maßnahmenerarbeitung

Geschieht wie gewohnt mit Hilfe der Skala.

5.7 Coaching-Goldwaage

Wie können wir Coachees qualifiziert und effizient in wichtigen Entscheidungsprozessen begleiten? Wie können wir dafür sorgen, dass sie alle ihnen bekannten Eventualitäten bewusst berücktigen und in ihre Entscheidungsfindung mit einbeziehen?

Bei der Verwendung der Coaching-Goldwaage helfen wir dem Coachee, seine Kriterien für die Auswirkungen seiner Entschei-

5.7 Coaching-Goldwaage

dung maßgeschneidert festzulegen – und schaffen damit einen wesentlichen Grundstein für eine qualifizierte Entscheidung.

5.7.1 Problemdefinition, Zielfestlegung, Auftragsvereinbarung

Damit dieses Werkzeug gut angewendet werden kann, sollte es im Coachinggespräch um eine Entscheidung gehen.

5.7.2 Lösungsfokussierung

Jetzt geht es darum, die spezifisch relevanten Kriterien des Coachees für die Entscheidung auszuarbeiten und festzulegen: „Welche Kriterien spielen bei dieser Entscheidung eine Rolle?" (z. B. die Reaktionen bestimmter Menschen – welcher?, Fristigkeit der Folgen, Kosten, persönliche Vorteile, Handlungsspielraum etc.), „Welche noch?", „Welche noch?" An dieser Stelle ist es wichtig, alle relevanten Kriterien nachzufragen, d. h., auch sehr unbarmherzig zu agieren.

5.7.3 Lösungsgespräch

Nun wird an jedes Kriterium – beginnend mit dem wichtigsten – Schritt für Schritt herangegangen und für beide Seiten (Entscheidung in die eine vs. in die andere Richtung) geprüft, z. B. für das Kriterium „Reaktionen des Vorstands":

- Wenn Sie sich nun für A entschieden haben, und Sie versetzen sich in Ihren Vorstand hinein – wie könnte seine Reaktion aussehen? Was sagt er vermutlich? Wie wird er handeln? – Welche Reaktion wird er noch zeigen? – Welche noch? –Welche noch? – Und wenn Sie sich für B entscheiden: Welche Reaktionen könnte er dann zeigen? – Welche noch? – Welche noch? – Welche noch?

Jede Antwort wird in eine der beiden „Waagschalen" gelegt, die der Coach am besten auf ein Blatt Papier aufzeichnet – je nachdem, für welche Entscheidung die Antwort positiv wiegt: Wird z. B. bei der Entscheidung A die Reaktion des Vorstands im ersten Moment als negativ eingeschätzt, wird dieser Punkt auf die Waagschale von B „gelegt"; wird die langfristige Reaktion des Vorstands bei der Entscheidung A als positiv eingeschätzt, so wird sie in die Waagschale von A „gelegt".

5.7.4 Entscheidung

Sind alle Kriterien für die Entscheidungsmöglichkeiten anhand der Kriterien durchgesprochen, so werden nun die Waagschalen kritisch unter die Lupe genommen: Welche Waagschale wiegt insgesamt schwerer? In welcher Waagschale sind für den Coachee mehr zentrale Kriterien vertreten?

Auf Basis dieser Betrachtung kann der Coachee entweder sofort oder später seine Entscheidung treffen.

5.8 Rollenwechsel im Coaching

Beim Rollenwechsel hat der Coachee die Möglichkeit, neue Verhaltensoptionen kennen zu lernen und sie einerseits auf ihre Passung zu den eigenen Zielen, zur persönlichen Identität zu prüfen, aber andererseits auch auf ihre Passung zu Aktionen bzw. Reaktionen wichtiger Gesprächspartner. Daher eignet sich das Werkzeug immer dann besonders, wenn es um die qualifizierte Vorbereitung entscheidender Gespräche geht.

Der Coach übernimmt dabei im Rahmen der Lösungsfokussierung die Rolle des Coachees – und der Coachee die Rolle des jeweiligen Gesprächspartners. Auf diese Weise entsteht jedoch kein „Rollenspiel" im klassischen Sinn, in dem eine bestimmte Rolle „geübt" werden soll; sondern es entsteht beim Coachee ein gleichzeitiges Arbeiten auf zwei Ebenen: Einerseits muss er sich in seinen jeweiligen Gesprächspartner hineinversetzen und sich mit seinen potenziellen Argumenten, mit Kritiken oder Fragen auseinander setzen; andererseits vermittelt ihm der Coach eine große Auswahl

5.8 Rollenwechsel im Coaching

möglicher Handlungsalternativen, die für ihn einen Handlungssupermarkt darstellen: Er kann kaufen (dann wird er dennoch etwas völlig anderes tun als der Coach im Rollenspiel); oder er entwickelt auf dieser Basis etwas Neues für sich; oder er entscheidet sich, gar nicht zu kaufen.

5.8.1 Problembeschreibung, Zielklärung, Auftragsdefinition
Diese erfolgen in der bewährten Form.

5.8.2 Lösungsfokussierung
Der Coach lädt den Coachee ein, die Rolle der Gesprächspartner zu übernehmen, mit denen das heikle Gespräch gut laufen soll. Er selbst schlüpft in die Rolle des Coachees für dieses Gespräch. Zuvor wird eine Art „Drehbuch" herausgearbeitet, das dem Coachee bereits gute Anhaltspunkte für die Gestaltung des Gespräches in der Praxis liefern kann, mit folgenden Fragen:

- Was ist das Ziel des Gespräches?
- Woran werden Sie merken, dass das Gespräch erfolgreich ist?
- Woran Ihr jeweiliger Gesprächspartner?
- Was darf auf keinen Fall passieren?
- Welche Themen sollten unbedingt, welche keinesfalls angesprochen werden?
- Welche Themen wurden bereits in Gesprächen zuvor behandelt und sind daher mit Glacéhandschuhen anzufassen?
- Was muss ich, *Ihre* Person darstellend, wissen bzw. mir immer vor Augen halten, um dieses Gespräch brillant führen zu können? Was noch? Was noch? Was noch?

Insbesondere die letzte Frage führt meiner Erfahrung nach beim Coachee dazu, dass er sich intensiv auf die Situation vorbereitet, noch bevor es überhaupt zum Rollenwechsel gekommen ist.

Erst im zweiten Schritt führt der Coach, wie im Drehbuch vereinbart, das Gespräch mit dem Coachee. Wenn nötig, kann dazwischen immer wieder aus dem laufenden Gespräch ausgestiegen und reflektiert werden, ob der Coachee bislang zufrieden ist bzw. in welche (veränderte) Richtung er im Gespräch gehen und was er gegebenenfalls sofort an Lernergebnissen festhalten möchte.

5.8.3 Lösungsgespräch

Sobald der Coach merkt, dass der Coachee bereits zu einem für ihn passenden Handlungsmuster bzw. eine gute Lösung gefunden hat, kann er die verschiedenen kleinen Lernpunkte zu einem Ergebnis zusammenführen – mit der Skalenfrage:

- Auf einer Skala von 0 bis 10, wenn 0 = Sie haben für sich keinerlei Ansatzpunkt, wie Sie das Gespräch führen sollen, und 10 = Sie sind sicher, dass das Gespräch ausgezeichnet läuft – wo stehen Sie gerade jetzt?

Dann kann sich man die Skala weiter hinaufarbeiten – so lange, bis der Coachee zufrieden ist.

5.9 360°-Coaching

Oft weisen Themen, die ein Coachee präsentiert, eine besonders hohe Komplexität auf, weil sie Auswirkungen auf eine Vielzahl an Menschen oder Personengruppen haben. Dann ergibt es Sinn, im 360°-Coaching sehr genau all jene Menschen herauszuarbeiten, die betroffen sind – und jede Lösung sehr sorgfältig zu überprüfen.

5.9.1 Problemdefinition, Zielklärung, Auftragsfestlegung

Erfolgt wie gewohnt (siehe Abschnitt 5.3.1).

5.9.2 Lösungsfokussierung

Dabei geht es uns im ersten Schritt darum, die relevanten Personen zu identifizieren – relevant für die Lösung, nicht für das Problem; denn Problem und Lösung haben ja häufig nicht viel miteinander zu tun. Erst danach überlegen wir Kriterien einer guten Lösung für diese Personen.

5.10 Personifizierung von Symptomen

1. Woran würden Sie erkennen, dass Sie eine gute Lösung gefunden haben?
2. Wer ist noch alles außer Ihnen von einer für Sie guten Lösung betroffen?
3. Wer von diesen Personen oder Personengruppen freut sich oder hat etwas davon, wenn Sie eine gute Lösung gefunden haben?
4. Und woran würden diese Personen oder Personengruppen an Ihrem Verhalten erkennen, dass Sie eine gute Lösung gefunden haben? Woran noch? Woran noch?
5. Und wer von diesen Personen oder Personengruppen hat einen Nachteil davon, wenn Sie eine gute Lösung gefunden haben?
6. Woran an Ihrem Verhalten würden diese Personen oder Personengruppen erkennen, dass Sie eine gute Lösung gefunden haben? Woran noch? Woran noch?
7. Wie könnten Sie sich gegenüber den Nachteil habenden Personen verhalten, damit für diese der subjektiv verspürte Nachteil geringer wird?
8. Und wie sollten Sie sich aus Ihrer Sicht gegenüber jenen Personen verhalten, die wir bislang noch gar nicht durchgesprochen haben, die es aber dennoch merken, wenn Sie eine Lösung haben – damit diese Sie bei Ihrer Lösungsumsetzung unterstützen?

5.9.3 Lösungsgespräch und Maßnahmen

Wie gewohnt mit der Skala (siehe Abschnitt 5.8.3).

5.10 Personifizierung von Symptomen

Sehr häufig möchte ein Coachee eigentlich nichts anderes, als die Probleme, die er hat, loswerden – vor allem dann, wenn sie zu einem bereits länger anhaltenden Problembewusstsein geführt haben, etwa wenn es den Coachee stört, dass er raucht, dass er eine

Krankheit hat, die immer wiederkommt (Migräne, Gastritis, bleierne Müdigkeit oder Ähnliches) oder dass ihm „ein Problem ewig im Magen liegt".

Wir könnten nun im Coaching versuchen, daran zu arbeiten, dass der Coachee dieses Problem „loswird" – aber damit würden wir wahrscheinlich nicht sehr viel Glück haben; denn einerseits bedeutet „etwas loszuwerden" eine einseitige Formulierung in einer negativen Richtung – und wir wissen damit noch lange nicht, was stattdessen getan werden soll. Und gerade in Bezug auf Symptomprobleme (wenn der Körper klar sagt, dass er mit der wahrgenommenen Situation nicht zufrieden ist), bringt es uns Loswerden selbst hinaus nicht sehr viel, ein Symptom „loszuwerden" – denn das Symptom ist ja nur der Botschafter, der als Dank für seine Dienste nicht einfach „entfernt" werden sollte.

Die Fragen, die wir uns im Coaching in einer solchen Situation stellen können, lauten also vielmehr:

- Welche Funktion hat dieses Problem?
- Wofür ist es da?
- Was kann an die Stelle des Problems treten?

Wir gehen also davon aus, dass wir eben nicht ganz einfach das Rauchen aufgeben können – weil es nämlich für etwas steht; und dass wir eben nicht ganz einfach eine (nicht funktionierende) Beziehung hinter uns lassen können – weil sie nämlich eine Funktion für uns hat („Alles, was ein Coachee konstruiert, hat Sinn"). Hinter allen Problemen steht also eine Funktion, die „utilisiert" (Milton H. Erickson) werden kann.

Und diese Funktion kann beim Coaching im Sinne der Erhaltung des Bewahrenswerten sauber herausgearbeitet werden.

Was aber, wenn nichts, aber auch schon absolut nichts Bewahrenswertes in einem Problem gesehen wird – wie dies etwa bei Krankheiten oder bei unerwünschten Verhaltensmustern der Fall ist, die „immer wiederkommen"?

5.10 Personifizierung von Symptomen

In solchen Fällen eignet sich die Anwendung der „Personifizierung von Symptomen", die ihre Ursprünge in der hypnosystemischen Arbeit nach Milton H. Erickson, aber auch Gunther Schmidt hat.

„Personifizierung des Problems" ist also:

- eine Arbeit an der persönlichen Verhaltens-, nicht an der Situationsveränderung
- die Arbeit daran, wie mit dem Problem am besten umgegangen werden kann
- das Nachdenken darüber, wofür es bzw. „die Person" gut ist
- aber auch die Gestaltung eines Übergangs vom besten zum zweitbesten Ziel, indem erarbeitet wird, was der Coachee tun muss, damit die Person nicht immer wiederkommen „muss".

Sie eignet sich auch für die Schilderung eines Problems:

- das immer wiederkehrt
- das „von außen kommt"
- das dem Coachee das Leben massiv erschwert
- das zu seinem Leben quasi schon „dazugehört"
- das er am liebsten „nur loswerden" möchte (in dem er also keinen Sinn sieht).

Mithilfe der Personifizierung von Symptomen:

- *schaffen wir eine Dynamisierung und damit neue Möglichkeiten und Beweglichkeit im Verhalten:* Objekte können wir nicht verändern. Sie sind starr, sie haben kein Eigenleben. Wir können mit ihnen weder kommunizieren noch in Wechselwirkung treten. Wir können uns also nicht mit ihnen gemeinsam verändern. Anders bei Personen: Personen zeigen ein Verhalten, das aus ihrer Sicht Sinn hat. Verhalten erzeugt immer Ge-

genverhalten – und Verhalten in Wechselwirkung verändert die Möglichkeiten aller Beteiligten;
- *fördern wir die Selbstverantwortung des Coachees durch die Auseinandersetzung mit der Wechselwirkung zwischen dem eigenen Verhalten und den Symptomen, die der Körper rückmeldet:* Kommunikation ermöglicht eine neue Beschreibung, Erklärung und Bewertung eines Tatbestandes – und kann auch zur Lösung von Problemen führen. Wer sich mit jemandem auseinander setzt, erzeugt funktionierende Formen des Umgangs mit ihm und findet (wieder) Möglichkeiten, das Problem selbst zu lösen (das Problem befindet sich dann nicht mehr „außerhalb der eigenen Person");
- *fördern wir die Nutzung (Utilisation) anstatt die Beseitigung des Beobachters (wie wir dies häufig mit Medikamenten tun):* Anstatt den Botschafter „zu beseitigen" (durch Ignorieren, Medikamente, Unterdrücken), wird er bewusst genutzt: Was hat er zu sagen? Inwiefern ist er für mich wichtig? Wovor bewahrt er mich? Wie kann ich dafür sorgen, dass er nicht mehr (so oft) oder, wenn, dann in anderer Form kommen kann?

5.10.1 Problemdefinition, Ziel und Auftrag

Zunächst wird der Coachee gebeten, dem Problem einen bürgerlichen Vornamen zu geben – je nach Wunsch weiblich oder männlich; es quasi zu einer Person zu machen und zu fragen, welche Botschaft ihm diese Person vermitteln möchte.

Insbesondere wenn der Coachee folgende (meist alle folgenden) Eigenschaften des Problems schildert:

- es kehrt immer wieder
- kommt „von außen"
- erschwert ihm das Leben massiv
- es gehört zu seinem Leben quasi schon „dazu"
- und er will es am liebsten „nur loswerden"

… eignet sich dieses Werkzeug.

5.10 Personifizierung von Symptomen

Bereits bei der Problemdefinition, bei Zielerarbeitung und Auftragsformulierung ist es wichtig, das Symptom mit seinem Vornamen als Metapher zu verwenden, z. B.: „Wann kommt Hermann für gewöhnlich?", oder: „Welches Ziel haben Sie idealerweise mit Helga? / Was wollen Sie optimalerweise im Umgang mit Helga erreichen?"

5.10.2 Lösungsfokussierung
Wichtig ist dabei, sich tatsächlich Personen hinter dem Symptom vorzustellen – die man wegschicken kann, die bei einem bestimmten Verhalten von uns verärgert werden können, die wir besänftigen können, mit denen wir in einen Dialog treten können, die wir fragen können, was sie brauchen ...

Hier ein paar Beispielfragen:

- Angenommen, es wäre sinnvoll, dass X immer wiederkommt – inwiefern wäre das sinnvoll? (Was bringt es Ihnen, wenn X immer wiederkommt?)
- Angenommen, er wäre quasi jemand, der eine Botschaft zu überbringen hätte, welche wäre es wohl?
- Was müssen Sie tun, damit X noch öfter kommt oder nie mehr weggeht?
- Was müssen Sie tun, damit X beruhigt ein paar Tage (Wochen, Monate) wegbleiben kann?
- Welchen Umgang braucht denn X mit Ihnen, damit er merkt, dass Sie verstehen, was er Ihnen sagen will?
- Was müssen Sie ihm denn sagen, damit er versteht, dass Sie verstanden haben?

5.10.3 Lösungsgespräch
Wenden Sie die Skala an; allerdings geht es bei der Skalierung der Handlungen und Worte des Coachees immer wieder darum, die Auswirkungen auf die Symptomsperson zu prüfen: „Und was würde X dazu sagen?" Das ist wichtig, denn schließlich ist das

Ziel ja nur dann erreicht, wenn ein aus Sicht des Coachees optimaler Umgang mit der Symptomperson gefunden werden kann.

5.10.4 Maßnahmen

Das Coachinggespräch wird mit Maßnahmen abgeschlossen. Wichtig ist es dabei insbesondere auch, zu erarbeiten, wie mit „Ehrenrunden" umgegangen werden soll.

5.11 Symbolisierung mit Bausteinen bzw. Alltagsgegenständen

Gewöhnliche bunte Kinderholzbausteine bzw. Alltagsgegenstände, die sich bei einem Meeting typischerweise auf dem Tisch (Wasserflaschen, Öffner, Kaffeetassen und Untertassen, Löffel, Zuckerdose, Servietten, Papier, Stifte, Aschenbecher etc.) bzw. auf dem Schreibtisch im Zimmer des Coachees befinden (Büroklammern, Stifte, Papier, Gläser, Flaschen, Notizzettel, Brille etc.) – all diese Dinge eignen sich hervorragend dafür, mit ihnen auch komplexere Beziehungen darzustellen, wie sie etwa in einem Team bestehen – und Klarheit für Ansatzpunkte in anfangs noch nicht ganz nachvollziehbaren Situationen zu schaffen.

Was wir hier im Coachinggespräch anwenden, tun wir streng genommen auch immer schon im Alltag: Wenn wir etwa im Café den Hergang eines Unfalls beschreiben, dann bedienen wir uns einfach der kleinen Blumenvase auf dem Tisch, eines Salzstreuers und der Zuckerdose, um zu verdeutlichen, von woher der vermeintlich Schuldige gekommen ist und wie nahe er am Auto des Opfers vorbeifuhr – bis er es mit seinem Auto schließlich streifte.

Verwenden wir bunte Holzbausteine, so können wir auch Farben, Formen und Größenverhältnisse bewusst darstellen (wir sollten gegebenenfalls den Coachee auf diese Möglichkeiten aufmerksam machen). Wir können sogar den Bausteinen Blickrichtungen geben, wenn sie Personen darstellen sollen – indem wir ihnen z. B. einfache runde Zweckform-Markierungspunkte aufkleben. Denn

5.11 Symbolisierung mit Bausteinen bzw. Alltagsgegenständen

es macht für die Darstellung einen wesentlichen Unterschied, ob Personen, die bei der Darstellung eines Themas eine Rolle spielen und nebeneinander stehen, einander ansehen oder sich voneinander abwenden.

5.11.1 Problemdarstellung sowie Ziel und Auftrag bilden

Das Werkzeug sollte immer dann vorgeschlagen werden, wenn es darum geht, Ansatzpunkte in einer noch unklaren Verflechtung von Beziehungen in einem sozialen System zu finden – oder das soziale System (Team, Unternehmen) daraufhin zu prüfen, ob die Konstellationen aus subjektiver Sicht des Coachees zu seinen gesetzten Zielen passen.

Nach der Problemdefinition, der Zielbildung und einer klaren Auftragsvereinbarung wird der Coachee aufgefordert, das soziale System, um das es geht, mit Bausteinen (bzw. Alltagsgegenständen) darzustellen – beginnend mit der eigenen Person. Außer den Menschen im sozialen System können auch noch Personen aus anderen Bereichen – etwa Kunden, Mitarbeiter an Schnittstellen oder andere mit einbezogene Hierarchien – mit repräsentiert werden. Auch Hindernisse zwischen einzelnen oder Brücken des Verständnisses können abgebildet werden. Dabei muss der Coachee nicht unbedingt erzählen; für den Coach ist es irrelevant, ob das gelbe Dreieck nun Herr Huber oder Frau Maier ist und für wen das blaue Dreieck oder die Kaffeetasse steht.

Wichtig ist – und das gilt für das gesamte Coaching –, dass der Coach nicht im Bild des Coachees handgreiflich wird, sondern immer nur fragt, ob etwas auch anders dargestellt werden könnte.

Sobald das Bild aus Sicht des Coachees fertig ist, wird es von ihm und Coach gemeinsam beschrieben. Diese Beschreibung können wir aus verschiedenen Perspektiven vornehmen – aus der Vogelperspektive, von unten, von allen Seiten … und natürlich können wir in der Symbolisierung nicht Herrn Huber sehen, der sich nicht um Frau Maier kümmert – und auch nicht den Chef, der arrogant über alle drüber blickt. Wir sehen eben nur große und kleinere Bausteine in unterschiedlichen Farben – und bei der Beschreibung der Anordnung und Konstellation dieser Bausteine zueinander sollten wir auch bleiben.

Danach fragen wir den Coachee nach seiner Befindlichkeit in Bezug auf das Symbolisierte:

- Was sagt dieses Bild für Sie aus?
- Was stört Sie?
- Was gefällt Ihnen?
- Was möchten Sie ändern?
- Was soll gleich bleiben?

Dabei soll der Coachee aber noch nichts an seiner Symbolisierung ändern!

5.11.2 Lösungsfokussierung

Diese besteht in der simplen Frage:

- Woran in dieser Konstellation würden Sie erkennen, dass Sie Ihre zu Beginn formulierten Ziele erreicht haben?

– und den daran anschließenden:

- Woran noch? Woran noch? Woran noch?

5.11.3 Lösungsgespräch

Nun stellt der Coachee das soziale System so um, wie es ihm gemäß seiner Lösungsfokussierung als sinnvoll erscheint. Er baut dabei bewusst nicht das gesamte System neu auf (denn das würde ja wahrscheinlich nicht seinen Möglichkeiten in der Praxis entsprechen) – sondern baut das System Schritt für Schritt nach seinen persönlich wahrgenommenen Handlungsoptionen um; beginnend bei jener ersten Handlung, die auch als Erstes gesetzt werden müsste, damit das Ziel erreicht werden kann, dann weiter gehend mit der nächsten logischen ... etc. Hier tut der Coach häufig gut daran, sich die Handgriffe („Dieser Rote hier muss weiter nach links, zu den Blauen da drüben"; „Das Salzfass ist viel zu präsent; das sollte die anderen näher zu sich holen"; etc.) aufzuschreiben.

5.11.4 Maßnahmen
Nun unterstützt der Coach den Coachee dabei, die einzelnen Umstellungshandlungen in den Unternehmensalltag „zu übersetzen":

Wenn Sie den Roten zu den Blauen hinüberstellen, was bedeutet das, übersetzt in Ihre aktuelle Situation im Büro?

6 Spezielle Coachingabläufe für spezielle Situationen

Nicht immer haben wir die Möglichkeit, eine oder eineinhalb Stunden Zeit am Stück für ein Coaching zu investieren; und gleichzeitig sind wir täglich mit Situationen konfrontiert, in denen ein gewöhnliches Coaching ganz einfach nicht optimal passt – etwa wenn wir über einen längeren Zeitraum hinweg Mentoring anbieten; wenn wir Coachingtechniken in einer Verhandlung anwenden wollen; oder wenn es um die Lösung von Konflikten geht.

Dafür habe ich spezielle Coachingabläufe konzipiert, die Sie im Folgenden finden.

6.1 Hot-Shot-Coaching

Hot-Shot-Coaching ist immer dann die ideale Methode, wenn ein dringendes Thema ansteht, aber einfach zu wenig Zeit dafür besteht, das Problem „in Ruhe" anzugehen. So ist sie ein „Blitz-Lösungsgespräch", geeignet für Probleme, die typischerweise zwischen Tür und Angel angesprochen werden.

Diese Methode kann zumindest in zwei Situationen angebracht sein:

1. wenn der Coachee sehr assoziiert ist, also in sein Problem verstrickt ist
2. oder wenn der Coach – in diesem Fall in seiner Rolle als Führungskraft – ganz einfach im Moment zu wenig Zeit hat, um das anstehende Problem in Ruhe angehen zu können, aber dennoch seinen Mitarbeiter bei ersten Schritten in Richtung einer möglichen Lösung oder bei der Überbrückung bis zu einem Gespräch unterstützen möchte.

6.1 Hot-Shot-Coaching

Ein Hot-Shot-Coaching dauert ca. zehn bis maximal 15 Minuten – im Unterschied zu „herkömmlichen" Gesprächen hat jedoch dieses Gespräch einen klaren, verkürzten Coachingablauf und setzt sich zum Ziel, dass der Coachee „denkt" und nicht der Coach – und dass nur offene Fragen gestellt werden (siehe Ablauf, Tabelle 5).

Situation beschreiben, 1 Minute (gegebenenfalls abkürzen!)	• Worum geht's? • Was steht an? • Was führt Sie zu mir? • Was gibt's?
die gewünschte Unterstützung festlegen: 2 Minuten	• Und was können wir in diesem Gespräch bearbeiten, damit Sie die Aufgabe vor Ort gut bewältigen? • Und welche Unterstützung brauchen Sie jetzt von mir? • Und was können wir besprechen, damit Sie das Problem gut lösen können?
Erfolgskriterien und die Lösung erarbeiten: 5–7 Minuten	• Welche Möglichkeiten haben Sie denn, um das Problem zu lösen? Und was ist eine Möglichkeit, an die Sie noch nicht gedacht haben? • Woran würden Sie erkennen, dass Sie eine gute Lösung gefunden haben? • Was sind wichtige Kriterien, die Ihnen aufzeigen, dass Sie erfolgreich waren? • Was sind aus Ihrer Sicht Eigenschaften einer guten Lösung bzw. einer guten Erledigung der Aufgabe bzw. einer guten Bewältigung der Situation? • Angenommen, Sie hätten eine gute Idee zur Lösung: Was könnten Sie aktiv tun, um die Lösung wieder kaputtzumachen? • Und was können Sie tun, um die von Ihnen festgelegten Erfolgskriterien zu erreichen? • Wie würde Ihr bester Kollege handeln?
Maßnahmen Erfragen: 1–2 Minuten	• Welche ersten Schritte werden Sie jetzt setzen?

Tab. 5: Der Ablauf des Hot-Shot-Coachings (nach Radatz 2000)

6.2 Coaching im Mentoringprozess

Mentoren sind in unserer Definition Mitglieder des Unternehmens (meist Führungskräfte), die neue Mitglieder dabei unterstützen:

1. sich leichter in das Unternehmen und seine Eigenheiten hineinzufinden (rascheres Einleben)
2. Fragen aufzuwerfen, die das Unternehmen und seine Handlungen infrage stellen und damit eine wichtige Handlung gegen die Betriebsblindheit setzen.

Natürlich kann auch die eigene Führungskraft Mentoringaufgaben übernehmen!

Mentoren führen durch Fragen – und können hierfür die systemischen Fragetechniken ganz ausgezeichnet nutzen:

1. In erster Linie dient Mentoring dazu, Fragen des Mentees zum Unternehmen, zu seinen Abläufen und Prozessen, zu typischen Handlungsmustern und Vorgangsweisen, *do's and don'ts* sowie allgemeinen Informationen zu beantworten.
2. Mentoring enthält aber gleichzeitig immer auch ein Stück Coaching, in jenen Situationen, in denen nicht Expertenfragen gestellt werden, sondern Probleme des Mentees zum Vorschein kommen, etwa: Wie gehe ich mit meinen neuen Teamkollegen und den Personen an den Schnittstellen um? Oder: Wie kann ich alle neuen Aufgaben professionell unter einen Hut bringen?

Daher ist die erste Aufgabe des Mentors, die anstehenden Anliegen zu ordnen, zu strukturieren und zu filtern und dann mit ihrer Bearbeitung bzw. mit dem Coaching zu beginnen (siehe Tabelle 6).

6.3 Die Anwendung von Coaching in Verhandlungen

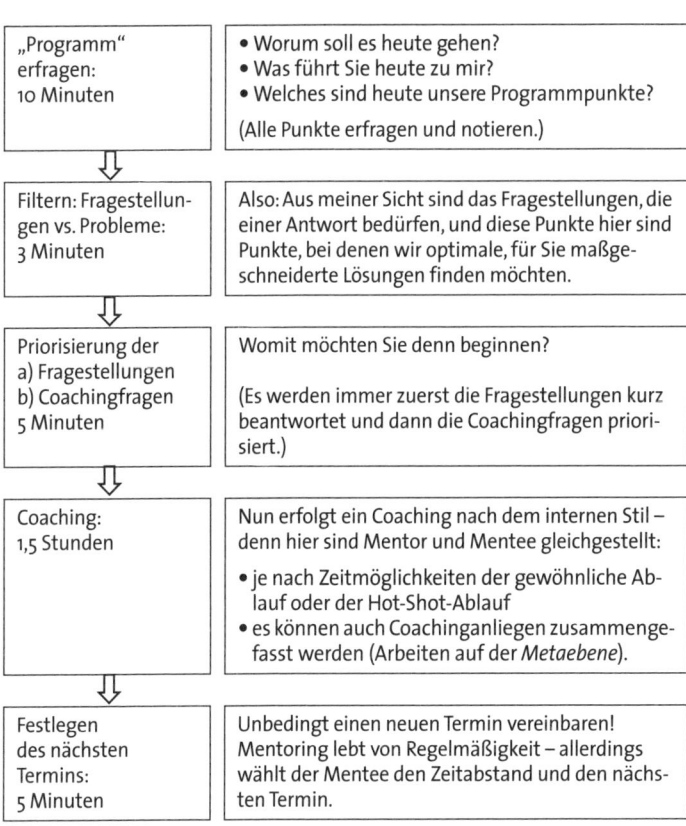

„Programm" erfragen: 10 Minuten	• Worum soll es heute gehen? • Was führt Sie heute zu mir? • Welches sind heute unsere Programmpunkte? (Alle Punkte erfragen und notieren.)
Filtern: Fragestellungen vs. Probleme: 3 Minuten	Also: Aus meiner Sicht sind das Fragestellungen, die einer Antwort bedürfen, und diese Punkte hier sind Punkte, bei denen wir optimale, für Sie maßgeschneiderte Lösungen finden möchten.
Priorisierung der a) Fragestellungen b) Coachingfragen 5 Minuten	Womit möchten Sie denn beginnen? (Es werden immer zuerst die Fragestellungen kurz beantwortet und dann die Coachingfragen priorisiert.)
Coaching: 1,5 Stunden	Nun erfolgt ein Coaching nach dem internen Stil – denn hier sind Mentor und Mentee gleichgestellt: • je nach Zeitmöglichkeiten der gewöhnliche Ablauf oder der Hot-Shot-Ablauf • es können auch Coachinganliegen zusammengefasst werden (Arbeiten auf der *Metaebene*).
Festlegen des nächsten Termins: 5 Minuten	Unbedingt einen neuen Termin vereinbaren! Mentoring lebt von Regelmäßigkeit – allerdings wählt der Mentee den Zeitabstand und den nächsten Termin.

Tab. 6: Der Ablauf eines Coachings im Mentoringprozess

6.3 Die Anwendung von Coaching in Verhandlungen

Coaching in Verhandlungen eignet sich insbesondere dann, wenn der andere etwas von Ihnen will; es kann jedoch genauso gut dann angewendet werden, wenn Sie in Verhandlungen ganz einfach klarer und effektiver kommunizieren wollen (siehe Tabelle 7).

6 Spezielle Coachingabläufe für spezielle Situationen

1	Einstieg	• Was führt Sie zu mir? • Was ist der Grund unseres Zusammentreffens? • Was wollen wir heute erreichen? • Was soll anders sein, wenn Sie heute weggehen?
2	Problemschilderung	• zusammenfassen • wiederholen
3	Entscheidung: „echter Kunde", Besucher, Klagender, Co-Berater	• (Möchte bzw. kann ich aus diesem Menschen wirklich einen „Kunden" machen?)
4	Auftrag erarbeiten	• Inwieweit betrifft *mich* das? • Was kann ich in dieser Angelegenheit tun? • Was können wir beide tun, damit Sie zufrieden sind?
5	Auswirkungen und Metaziel prüfen	• Inwiefern ergibt es für mein Gegenüber Sinn, dieses Ziel zu erreichen? (Welcher Sinn, was steht dahinter?)
6	Lösungsfokussierung für das dahinterliegende Ziel erarbeiten	• Welche Kriterien müssen wir erfüllen? • Wer muss das Ergebnis für gut befinden? • Welche Mittel haben wir zur Verfügung? • Welche Restriktionen bestehen bei Ihnen?
7	konkreten Lösungsweg bzw. konkretes Vorgehen erarbeiten	• Wie gehen wir genau vor?
8	Tit-for-Tat-Modell	• Was brauche ich, um diesen Lösungsweg auch tatsächlich umsetzen zu können?
9	Abschluss	• zusammenfassen • Maßnahmen abstimmen

Tab. 7: Der Ablauf von Coaching in Verhandlungsgesprächen

6.4 Konfliktcoaching

Während wir im klassischen Coaching an Problemen arbeiten, die wir mit Situationen haben, stehen im Konfliktcoaching Probleme mit Menschen im Vordergrund (siehe Abb. 6). Dabei ist Konfliktcoaching keine Mediation, kann aber alternativ zu ihr verwendet werden.

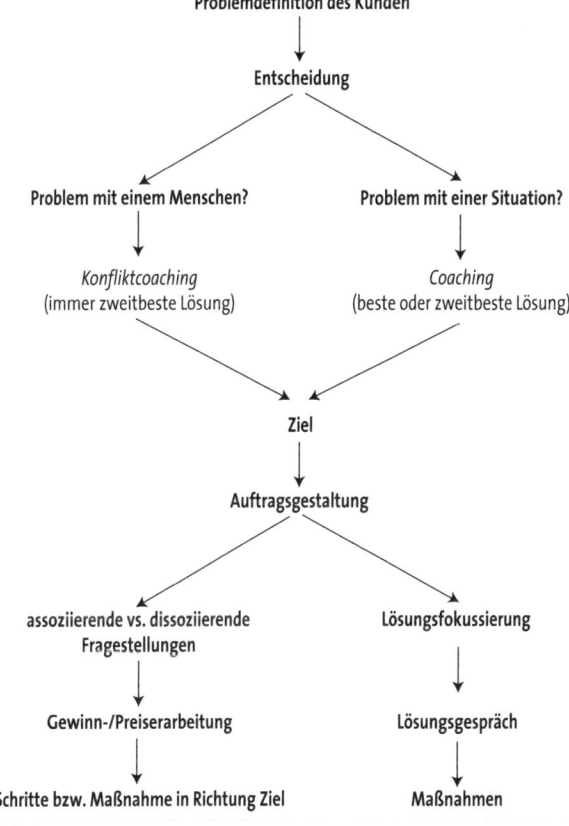

Abb. 6: *Unterschiede zwischen Konfliktcoaching und Coaching*

Mit der Entwicklung von Konfliktcoaching ging es mir darum, ein Instrument zu entwickeln, das

- möglichst simpel anzuwenden ist
- sich auch und vor allem für die Lösung alltäglicher Konflikte am Arbeitsplatz eignet
- sich gut und natürlich in die Alltagsführungssprache integriert (also eher einem Gespräch als einer Beratung entsprechen soll)
- auch dann anwendbar ist, wenn nur einer der Konfliktpartner aktiv an der Lösung des Konfliktes arbeiten will.

Das Instrument des evolutionären Konfliktcoachings, das dabei entstand, eignet sich optimal für Führungskräfte, die keine Mediation machen wollen oder können. Es baut auf den Grundlagen systemischen Coachings auf und ist bewusst einfach und leicht anwendbar gestaltet.

Evolutionäres Konfliktcoaching ist *ein Einzelgespräch, das mit einem Konfliktpartner stattfindet* – mit dem Ziel, einen bestehenden akuten oder schlummernden Konflikt zu lösen. Natürlich kann es in leicht veränderter Form auch angewandt werden, wenn alle Konfliktpartner anwesend sind – und wird so zu einer sehr effektiven, einfachen Form der Mediation. Dabei sollte nicht (nur) der Coach, sondern vor allem der Coachee Interesse daran haben, dass der Konflikt gelöst wird. Eine wichtige und grundlegende Frage sollte also gestellt werden, bevor z. B. eine Führungskraft oder eine HR-ExpertIn ein Konfliktcoaching durchführt: Wer hat am allermeisten Interesse daran, dass der Konflikt gelöst wird? Und diese Frage sollte immer mit „Der Coachee" beantwortet werden.

Aus systemischer Sicht gibt es keine „richtigen" oder „falschen" Handlungen – nur solche, die sich zu einem gegebenen Zeitpunkt für ein spezifisches System (etwa ein Team, ein Unternehmen, eine Führungsbeziehung, eine Projektgruppe) als viabel (gangbar, passend) herausstellen oder eben nicht. Damit muss jede

6.4 Konfliktcoaching

Lösungsvariante Sinn für die Betroffenen ergeben – und nicht für den Coach. Der Coach hat auf diese Weise im Konfliktcoaching nicht die Rolle des Schiedsrichters oder Bewerters, auch nicht des Entwicklers von Lösungen (denn diese wären ja nur aus seiner Sicht viabel); sondern *er begleitet den Coachee dabei, selbst viable Lösungen zu finden.*

Es gibt niemanden, der objektiv eine Lage einschätzen könnte (selbst Richter entscheiden subjektiv) – und damit ist das „Maximale", was erarbeitet werden kann, stets das Beste aus subjektiver Sicht. Daher brauchen sich Coachs keine Gedanken darüber machen, ob das Ergebnis nun auch einer „objektiven Prüfung" standhalten würde, ob „das objektiv Richtige" erarbeitet wurde. Denn das gibt es aus meiner Sicht nicht. Das ermöglicht uns, uns mit den entstandenen Lösungen des Coachees zufrieden zu geben.

Wenn wir von einer „realen" Welt „da draußen" (im Sinne der „Gucklochhaltung") ausgehen, dann sind wir immer in der Versuchung zu warten, dass sich die Welt ändert, damit unsere Konflikte gelöst werden; dass das, was derzeit so ist, wie es ist (und von uns nicht verändert werden kann), sich vielleicht so verändert, dass im besten Fall unser Konflikt verschwindet. Gehen wir allerdings, von der Teil-der-Welt-Haltung herkommend, davon aus, dass jeder von uns jeden Tag die Welt in seinem eigenen Kopf erfindet und entsprechend handelt, dann werden wir in unseren Handlungen flexibler; unsere Handlungsvielfalt erhöht sich, sobald wir auch andere Erklärungen für unser Erleben der Welt zulassen oder die Welt anders konstruieren. Und nicht nur das! Eine solche Weltanschauung, die aus der Teil-der-Welt-Haltung erwächst, zwingt uns geradezu, selbst ins Tun zu kommen und das Heft in die Hand zu nehmen. Um es auf den Punkt zu bringen: Gehen wir von dieser Haltung aus, so wird sich nie ein Konflikt von selbst lösen, wird „es" nie passieren, dass sich alles wieder einrenkt – außer wir selbst setzen entsprechende Schritte. Wir kommen so vom Sein zum Tun und von der Opferhaltung gegenüber der Welt zur Selbstverantwortung für das, was wir erleben.

6 Spezielle Coachingabläufe für spezielle Situationen

Wir müssen ein neues Verhalten entsprechend den Grundgedanken von Steve de Shazer nicht erst (mühsam) üben. Wenn wir uns *vorstellen* können, es zu realisieren (und nur dann können wir es als Handlungsmöglichkeit konstruieren), dann ist es gewissermaßen bereits in unserem Handlungsrepertoire und wir haben eine bestimmte Erfahrung damit. Wenn wir also davon ausgehen, dass eine Konfliktlösung bedeutet, ein bestehendes Verhalten durch ein anderes mögliches Verhalten auszutauschen, dann bedarf es keiner Entwicklung. Daher fokussieren wir im Konfliktcoaching nicht auf den Weg zu einer Lösung, sondern auf das Verhalten im Lösungszustand. Oder, anders ausgedrückt: Der Weg ist *nicht* das Ziel (siehe Abb. 7).

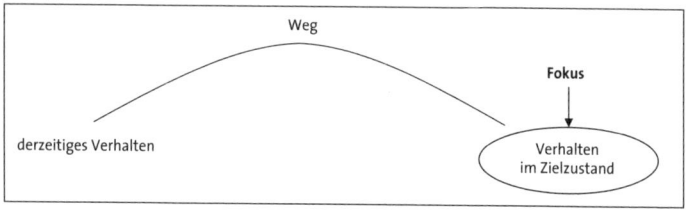

Abb. 7: Der Unterschied zwischen Weg und Ziel (nach Steve de Shazer)

Insbesondere wenn ein Konflikt nicht ein komplettes soziales System (etwa eine Projektgruppe oder ein ganzes Team), sondern nur zwei oder drei Personen betrifft, reicht es schon, wenn eine der beteiligten Personen eine neue Wirklichkeit konstruiert und ihr Verhalten verändert. Denn eine Verhaltensänderung eines Konfliktpartners führt dazu, dass ein neuer Rahmen für die Handlungsmöglichkeiten der anderen beteiligten Person entsteht.

Wenn immer wir an der Lösung eines Konflikts arbeiten, dann haben wir nie 100 % Einfluss auf die Situation: Denn wir können die anderen Konfliktpartner nicht verändern und auch nicht ein bestimmtes Verhalten von ihnen erzwingen, sondern nur unser eigenes Verhalten verändern. Damit wird Konfliktcoaching zu „ver-

6.4 Konfliktcoaching

Schritt	Fragen/Inhalt
Konflikt schildern: 3 Minuten	• Worum geht's? • Wer tut was im Konflikt?*
Skalenfrage: 5 Minuten	Auf einer Skala von 0 bis 10, wenn 0 den bislang schlimmsten bisher in diesem Konflikt von Ihnen erlebten Zustand beschreibt und 10 Ihren Zielzustand – was machen Sie genau bei 10?
derzeitige Einschätzung auf der Skala: 1 Minute	Und wo stehen Sie gerade jetzt auf dieser gleichen Skala?
angestrebten Wert auf der Skala festlegen: 10 Minuten	• Welchen Punkt auf der Skala wollen Sie denn heute erreichen? • Und was tun Sie genau anders, wenn Sie diesen Wert erreicht haben? • Und wenn Sie das tun, was tut dann Ihr Konfliktpartner anders?
Verhaltensunterschiede bilden: 5 Minuten	• Was – das Sie jetzt noch nicht tun – tun Sie, wenn Sie um einen Punkt höher stehen? • Und wenn Sie das tun, wie anders verhält sich dann der andere? • Und wenn der andere sich anders verhält, wo stehen Sie dann auf der Skala? Etc.
Entscheidung: 10 Minuten	für einen Wert unter Einbeziehung des dafür zu bezahlenden Preises
Maßnahmen: 5 Minuten	Was tun Sie (ab) morgen konkret (anders)?

* In großer Abweichung zur Mediation wird bewusst sehr kurz an der Problemschilderung gearbeitet. Unsere langjährige Erfahrung am Institut hat gezeigt, dass die Auseinandersetzung mit dem als problematisch erlebten Verhalten keine Verbesserung in Richtung eine Lösung bringt – sondern vielmehr eine Verschlechterung.

Tab. 8: Ablauf des evolutionären Konfliktcoachings

haltensoptimierendem Arbeiten" (siehe Seite 96): Wir arbeiten daran, wie wir mit den anderen anders umgehen können – und nicht daran, wie wir sie verändern können.

Wir begleiten Menschen im Konfliktcoaching, indem wir ihnen die passenden Fragen stellen und sie damit zum Denken anregen. Damit ermöglichen wir ihnen, innerhalb ihres Denkrahmens andere, aus ihrer Sicht passendere Handlungsalternativen zu entwickeln.

Jede Frage, die wir stellen, hat dabei enorme Kraft – und daher sollten die Fragen jeweils sorgfältig ausgewählt und geprüft, bevor sie dem Coachee gestellt werden.

Das hier vorgestellte Modell braucht etwa eine Zeit von 40 Minuten – bei kleinen Konflikten kann seine Anwendung auch weniger Zeit in Anspruch nehmen. Anders als bei einer Mediation empfehle ich unbedingt, das gesamte Modell in einem durchzugehen und niemals einen Teil auf einen nächsten Termin verlegen.

Denn bei der Arbeit an einer Konfliktlösung haben wir es nicht mit trivialen Maschinen zu tun, die wir auseinander nehmen, liegen lassen und wieder zusammensetzen können wie etwa einen Radioapparat; sondern wir haben es mit Menschen zu tun, die, wenn ein Teil des Gesprächs auf einen späteren Zeitpunkt verschoben wird, gedanklich an der Lösung weiterarbeiten, sodass wir zu einem späteren Zeitpunkt immer vor einer neuen Situation stehen. Und das würde bedeuten, dass wir bei einer Fortführung des Gesprächs zu einem späteren Zeitpunkt wieder von vorne beginnen müssten.

6.5 Bottom-up-Coaching

Bottom-up-Coaching ist die Bezeichnung für das Coaching „nach oben", d. h. das Coaching von Vorgesetzten.

Es unterscheidet sich insofern vom gewöhnlichen Coaching, als wir im Coaching ja immer davon ausgehen, dass jemand ein Problem hat, für das dann die maßgeschneiderte Lösung gesucht

6.5 Bottom-up-Coaching

wird – der Vorgesetzte hat jedoch meist eben genau kein Problem, wenn wir ein Problem mit ihm haben.

Hier setzt Bottom-up-Coaching an: Es sieht im ersten Schritt vor, dass aus dem eigenen Problem ein gemeinsames gemacht wird. Das setzt die Überlegung voraus, wie das Problem so definiert werden kann, dass es in seiner Tragweite bzw. in seinen Auswirkungen auch von der Führungskraft als negativ gesehen wird. Es geht also darum, den Aufmerksamkeitsfokus der Führungskraft so zu lenken, dass sie Interesse hat, an dem Problem zu arbeiten.

Wenn dies geklärt ist, dann geht es im zweiten Schritt darum, ähnlich wie im gewöhnlichen Coaching Fragestellungen zu entwerfen, die auch dem Ablauf des Coachings folgen, die allerdings immer beide Gesprächspartner angehen: Aus dem „Sie" wird ein „Wir" – und die Antworten werden von beiden ähnlich wie bei einem Brainstorming gesucht (siehe Tabelle 9).

Problem schildern: 5 Minuten	Ich habe da ein Problem. Haben Sie kurz Zeit, um mich bei der Lösung zu unterstützen? (Wichtig: Natürlich hat anfangs immer der Coach das Problem – und es geht darum, Hilfe bei der Führungskraft zu suchen.)
⇩	
Auswirkungen für die Führungskraft schildern: 3 Minuten	Das hat – und deshalb wende ich mich an Sie – nicht nur für mich Auswirkungen, sondern auch für … … Ihre Abteilung, insofern als … … Sie, da … … Ihre Beziehung zu …, weil … (Die Zusammenhänge müssen klar dargestellt werden. Idealerweise gibt es mehrere Argumente. Dieser Punkt erfordert Vorbereitung!)
⇩	

6 Spezielle Coachingabläufe für spezielle Situationen

Erfolgskriterien und die gemeinsame Lösung erarbeiten: 10–15 Minuten	Woran würden Sie denn erkennen, dass das Problem zu Ihrer Zufriedenheit gelöst ist? Antwort: „..." Und woran noch? Antwort: „..." Ich würde es zusätzlich auch noch daran erkennen, dass ... (Wichtig ist, dass Sie zuerst die Kriterien des Vorgesetzten vollends erfragen, bevor Sie – eventuell – noch Ergänzungen anbringen.)
⇩	
Lösungsbild erarbeiten: 10 Minuten	Erfolgskriterien von Coach und Coachee wiederholen, dann: Und was können wir tun, um diese Kriterien zu erreichen? (Pause.) Ich könnte mir vorstellen, dass wir ... was meinen Sie? Antwort: „..." Was noch? (Wichtig bei diesem Punkt ist, dass Sie nach einem ersten Vorschlag so lange warten, bis Ideen vom Coachee kommen. Ihr Vorschlag sollte jedenfalls dazu dienen, dass der Coachee eigene Ideen entwickelt.)
⇩	
Maßnahmen festlegen: 5 Minuten	So – auf welche Maßnahmen einigen wir uns? Ich könnte jedenfalls diesen Schritt übernehmen. Was davon können Sie übernehmen? (Der Coach zeigt Tatkräftigkeit, indem er zuerst einen Punkt zur Umsetzung übernimmt. Dann fällt es dem Coachee auch leichter, sich festzulegen.)

Tab. 9: Der Ablauf des Bottom-up-Coachings (nach Radatz 2000)

7 Die Verwendung von Coachingpartikeln im Alltagsgespräch

Nicht immer ist es effizient, ein ganzes Coachinggespräch zu führen; oder, anders formuliert: In vielen Gesprächssituationen in Beruf und Alltag reicht bereits die Anwendung einzelner Coachingpartikel dafür aus, eine effektive Veränderung der Kommunikation bzw. Hilfestellung im Gespräch mit anderen zu erreichen.

7.1 Von der Problembesprechung zur Frage nach dem Ziel

Vielfach wird im Gespräch ein Problem *diskutiert* – und leider oft so lange, bis es zerredet ist, Konflikte zwischen den Gesprächspartnern entstehen oder die Gesprächspartner „im Problemsee schwimmen".

Aber: Ein systemisches Coachingwerkzeug ist die einfache Frage nach dem Ziel („Was ist Ihr Ziel in dieser Frage bzw. Situation?") – und diese hilft sehr schnell dabei, aus einem gemeinsamen Muster der Problemorientierung auszusteigen.

Das vom Coachee genannte Ziel sollte immer *positiv* formuliert sein:

- statt „weg von": „hin zu"
- statt „nicht mehr": „stattdessen".

Von einer negativen zu einer positiven Zielformulierung kommen wir, indem wir fragen „Was stattdessen?" oder „Sondern?".

7 Die Verwendung von Coachingpartikeln im Alltagsgespräch

7.2 In jedem Gespräch: Auftrag holen

Wir sprechen oft unfokussiert und arbeiten an einer Lösung, von der unser Gesprächspartner nicht selten am Ende des Gesprächs sagt: „Eigentlich wollte ich gar nicht über dieses Thema sprechen – aber es war trotzdem nett, dass Sie sich die Zeit genommen haben ..."

Daher ist die Frage nach dem „psychologischen Auftrag" sehr wichtig – und diese gilt für jedes Gespräch:

- Und was können wir beide hier gemeinsam dazu tun, damit Sie das von Ihnen genannte Ziel erreichen?

7.3 Den Gesprächspartner arbeiten lassen – mithilfe systemischer Fragetechniken

Viele Menschen gehen mit tausend „Affen" auf den Schultern nach Hause. Systemische Fragetechniken – *in allen beliebigen Situationen* angewandt – helfen, Selbstverantwortung bei jedem Gesprächspartner aufzubauen und die Probleme dort zu belassen, wo sie gelöst werden sollten: bei dem, der sie hat. Auf diese Weise kommen wir effektiv aus dem Teufelskreis des ewig aktiven Antwortgebens heraus und begeben uns bewusst in die Rolle des zurückhaltend Unterstützenden.

7.4 Schweigen

Reden ist Silber, Schweigen ist Gold. Nach dem Stellen einer systemischen Frage den Mund schließen und in Gedanken bis 500 zählen (so lange, bis der Gesprächspartner antwortet) ist schon die halbe Miete: Man ermöglicht es damit seinem Gesprächspartner, nachzudenken und seine Denkmaschine anzulassen.

Aber auch in jeder anderen Situation ist Schweigen immer dann angebracht, wenn wir von unserem Gesprächspartner eine Antwort erwarten: Denn in unserem Kulturkreis ist es üblich, zu sprechen, wenn der andere eine Frage gestellt hat und dann schweigt. Wenn wir also dem anderen einen guten Rahmen zum Sprechen, Entwerfen von Ideen oder Überlegen von Lösungen bieten wollen, dann schweigen wir ganz einfach.

7.5 Skalenfragen

- Auf einer Skala von 0 bis 10, wenn 0 = schlechtester Wert und 10 = bester Wert, wo stehen Sie gerade jetzt? Und was tun Sie auf [nächste Stufe], was Sie auf [derzeitige Stufe] nicht tun?

Es geht nicht darum, wie der Gesprächspartner *von* der Stufe 1 *zur* Stufe 2 kommt, sondern was er z. B. auf Stufe 2 tut, das er auf Stufe 1 (noch) nicht getan hat.

Skalenfragen eignen sich immer dann, wenn wir mit gewöhnlichen Fragen nicht weiterkommen. Oder wenn es darum geht, beim Gesprächspartner eine rasche Einschätzung der Situation zu erreichen.

Wird eine Skalenfrage als Coachingpartikel in einem ganz gewöhnlichen Gespräch gestellt, sollte sie allerdings gut vorbereitet werden – etwa mit der Einleitung:

- Ich hätte da eine Frage, die Ihnen vielleicht komisch vorkommt ... aber mir hilft sie immer, eine rasche und hilfreiche Einschätzung meiner derzeitigen Situation zu erarbeiten. Hätten Sie Lust, dass ich sie Ihnen stelle?

7.6 Welche Frage sollte ich Ihnen als Nächstes stellen?

Coachees im Denkprozess wissen meist sehr gut, was sie als Nächstes brauchen. Warum also nicht sich zurücklehnen, sich das Leben ein bisschen leichter gestalten und fragen:

7 Die Verwendung von Coachingpartikeln im Alltagsgespräch

- Welche Frage sollte ich Ihnen als Nächstes stellen, die für Sie jetzt im Erarbeitungsprozess relevant ist?

Diese Frage können wir – ein wenig verändert – auch in jedem Gespräch anwenden, in dem wir das Gefühl haben, auf der Stelle zu treten; z. B. in der folgenden Form:

- An welchem Thema sollten wir denn weiterarbeiten, damit das Gespräch für Sie hilfreich war?

8 Hilfreiche Selbstcoachingkonzepte

Welchen Wert Selbstcoaching für uns erreichen kann, hängt wie beim Coaching anderer Menschen maßgeblich davon ab, welche grundsätzliche Lebenshaltung wir wählen (siehe Abschnitt 1.2). Wenn wir die Gucklochhaltung einnehmen, können nicht in die Welt eingreifen. Wofür sollten wir dann Selbstcoaching betreiben? Oder, anders gefragt: Wofür sollten wir an uns selbst arbeiten, wenn die Welt, die wir wahrnehmen, mit unserem eigenen Verhalten nichts zu tun hat?

Aussagen wie „Die Situation ist eben so", „Das erfordert der Markt" oder „Da kann ich nun auch nichts ändern" sind in unserer traditionellen Arbeitswelt sehr verbreitet und deuten auf eine ausgeprägte Gucklochhaltung hin.

Die Teil-der-Welt-Haltung jedoch inkludiert uns als Teilhaber und Teilnehmer in jene Welt, in der wir uns augenblicklich bewegen – als Teil des „sozialen Systems" (des Teams, des Unternehmens, der Familie, der Gesellschaft, des Kulturkreises). Diese Lebenshaltung verschafft uns insofern ein grundlegend anderes Weltbild, als wir etwas zu dem beitragen können, was wir erleben. Oder, anders, schärfer ausgedrückt: Wir können uns nicht aus der Verantwortung herausnehmen, zu antworten. Oder, auf den Punkt gebracht: Wir sind so maßgeblich an der Welt beteiligt, die wir wahrnehmen, dass wir sagen können: Wir erzeugen die Welt, die wir sehen.

Wenn wir uns nun sinnvoll mit dem Thema „Selbstcoaching" beschäftigen wollen, müssen wir uns wohl oder übel mit der Teil-der-Welt-Haltung auseinander setzen. Und wenn wir das tun, müssen wir uns geistig in Beziehung zu dem sozialen System set-

8 Hilfreiche Selbstcoachingkonzepte

zen, um das es uns im Selbstcoaching jeweils geht – also z. B. in Beziehung zu unserem Team.

Meiner Erfahrung nach wissen wir sehr wenig, allzu wenig über unser Handeln – und beschäftigen uns noch seltener mit den Grundlagen unseres Handelns, mit unserer persönlichen Struktur. Ist dieses Wissen jedoch die Voraussetzung dafür, dass wir uns ändern können (siehe Abb. 8), dann sollten wir uns zunächst überlegen, was es mit unserer Struktur auf sich haben könnte – und uns dann näher damit beschäftigen, unsere persönliche Struktur genauer unter die Lupe nehmen zu können, um sie schließlich auch infrage zu stellen und gegebenenfalls auch (in Teilen) verändern zu können.

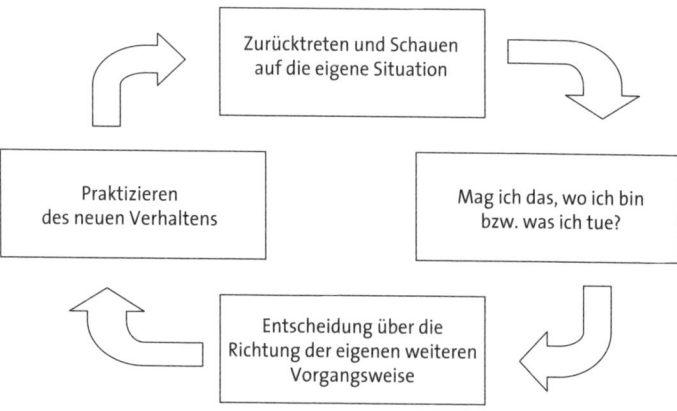

Abb. 8: *Das Reflexionsrad, basierend auf dem Konzept des Lernens von Humberto Maturana (nach Maturana u. Bunnell 2001a)*

8.1 Ein Erklärungsmodell zur Entstehung und Veränderung unserer persönlichen Strukturen

Ich gehe mit Jean Piaget (1976, p. 17) konform, dass jeder Mensch mit einer bestimmten Struktur zur Welt kommt, einem Schema bzw. Denkraster, das noch sehr grob konzipiert ist. Dieses

8.1 Entstehung und Veränderung persönlicher Strukturen

Denkraster lässt sich gut mit den früheren Lochkartencomputern vergleichen (von Glasersfeld 1996, S. 113), die Karten mit bestimmten Lochungen aussortieren, egal welche Lochungen die Karte sonst noch aufweist. Und gemäß der Theorie der Autopoiesis (Maturana u. Varela 1987, S. 112) bestimmt unser Denkraster, was wir tun. Das heißt nichts anderes, als dass wir nur und ausschließlich Verhaltensweisen anwenden, die in unserem Denkraster, in unserer Struktur, verankert sind. Wir wiederholen dabei immer wieder das, was in der Vergangenheit funktioniert hat; dadurch erhält unser Denkraster Festigkeit. Und gleichzeitig verfeinern und verändern wir im Laufe unseres Lebens die Sortiermuster unseres Denkrasters (also die Ausprägungen unserer Struktur) aufgrund der Erfahrungen, die wir machen – wie in allen Bereichen, so auch im Berufsleben.

Was bringt uns nun dazu, unsere Sortiermuster, die konkreten Ausprägungen unsere persönlichen Strukturen, zu verändern? Nun, wir stehen ständig mit unserer Umgebung in Wechselwirkung, das bedeutet, wir beeinflussen unsere Umgebung und werden von unserer Umgebung beeinflusst – gemäß unseren Sortiermustern (oder, mit anderen Worten: Unser Denkraster entscheidet, welche anderen persönlichen Sortiermuster aus unserer Umwelt erkannt werden und welche ungehindert unser Raster passieren, ohne auch nur eine Spur bei uns zu hinterlassen). Und lediglich jene erkannten Sortiermuster, die wir als „Störungen" unserer gewohnten Strukturen erleben, führen letztendlich dazu, dass wir unsere Handlungsmuster infrage stellen, an der als neu erlebten Situation prüfen und gegebenenfalls verändern – und auf diese Weise unser Denkraster in seinen Möglichkeiten erweitern, uns also anpassen (ebd.).

Natürlich verändern wir nur dann etwas, wenn wir einen Grund dafür haben (weil das bisher Getane nicht mehr zum Erfolg führt – was immer dann der Fall ist, wenn sich im betreffenden sozialen System Änderungen ergeben oder wir das soziale System wechseln, etwa das Team oder das Unternehmen, in dem wir arbeiten) oder wenn wir unsere persönlichen Ziele verändern. Und wir merken meist erst, dass unser Tun nicht mehr erfolgreich ist, nachdem wir einige „Ehrenrunden" gedreht haben bzw. ein entsprechendes Feedback unserer Umgebung bei uns als „Störung" angekommen ist.

Eine Erweiterung unserer Handlungsmöglichkeiten, unseres Repertoires im Sinne einer „Veränderung", einer Anpassung, eines Lernens, braucht nun aus meiner Sicht keinen langfristigen „Entwicklungsprozess" hin zu einem bislang unerforschten und unbekannten Zielzustand, wenn ich in der Teil-der-Welt-Haltung davon ausgehe, dass nichts außerhalb unserer Welt stattfindet. Denn dann können wir nur denken, was wir denken können (was sich also innerhalb unseres persönlichen Denkrahmens befindet), oder, anders gesagt: Wir können nicht über unseren Denkrahmen hinausdenken.

Und so gesehen, haben wir es mit neuen Verhaltensweisen relativ einfach: Wir wählen sie aus einem vorhandenen Repertoire aus. Wir müssen nicht jahrelange „Entwicklungsprozesse" durchwandern, bis wir endlich dort sind, wo wir hinwollen – um dann bei einer neuerlichen Änderung unserer Ziele oder unseres sozialen Systems erst recht wieder jahrelange Umdenkprozesse einleiten zu müssen; wir können uns heute für diese Verhaltensweise entscheiden und morgen für eine andere, wenn dies für uns Sinn ergibt – und wenn wir diese neue Verhaltensweise auch in unserem „Repertoire" haben.

Dieses persönliche Verhaltensrepertoire vergleiche ich gerne mit einem Kleiderschrank: In unserem Kleiderschrank gibt es endlich viele Kleidungsstücke. Diese können wir je nach Situation und Anforderung entsprechend wählen; und im „Normalfall" – der Ausnahmen kennt – werden wir dafür sorgen, weder overdressed noch underdressed zu erscheinen. Wenn wir neue oder veränderte Anlässe für uns orten (oder weil wir gerade Zeit und Muße haben; oder weil wir etwas an uns verändern wollen; oder weil wir etwas Neues ausprobieren möchten, wenn uns die alten Sachen schon zu

8.1 Entstehung und Veränderung persönlicher Strukturen

abgenutzt und nicht mehr passend erscheinen), dann werden wir uns neue Kleidungsstücke zulegen. Wir probieren sie zunächst – nur selten sind wir so verrückt, teure Kleidungsstücke ohne Anprobieren zu kaufen –, überlegen, wie wir sie mit anderen Kleidungsstücken aus unserem Kasten kombinieren können; überlegen auch, ob sie zu uns passen; ob sie zu den Anlässen passen, für die wir sie gekauft haben. Letztendlich integrieren wir sie in unseren Kleiderschrank und nutzen sie – mehr oder weniger, bis wir wieder einmal einen „Aufräumtag" haben, an dem wir jene Kleidungsstücke aussortieren, die uns zu groß oder zu klein geworden oder zu abgenutzt sind oder nicht mehr zu dem passen, was wir heute repräsentieren wollen.

Aber wir müssen uns nie von Kleidungsstück zu Kleidungsstück „entwickeln" – sondern wir entscheiden uns für das eine oder das andere; wir wählen.

Wann immer wir nun Selbstcoaching praktizieren, machen wir nichts anderes als einen „Aufräumtag": Wir entscheiden, welche Kleidungsstücke welche Verhaltensweisen und welche dahinter liegenden anderen Strukturelementen repräsentieren und ob sie noch passen – und welche nicht mehr. Immer nach dem Motto „Die guten ins Töpfchen, die schlechten ins Kröpfchen" wählen wir situations- und zielbezogen, was weiterhin getragen bzw. getan werden soll – und was den Weg alles Irdischen gehen soll.

Wir können uns dafür vorstellen, dass sich bei uns ein Ablauf abspielt, wie ihn Humberto Maturana in seinem Reflexionsrad (siehe Abb. 8) darstellt:

Wir treten also beim Selbstcoaching aus unserer gedanklichen Tretmühle, aus dem Denkalltag heraus und fragen uns: „Mag ich noch das, wo ich bin bzw. wie ich mich verhalte?" Und dann entscheiden wir uns, unser bisheriges Verhalten beizubehalten – aber bewusst und überlegt beizubehalten – oder ein neues Verhalten zu wählen. Und dieses Verhalten realisieren wir dann; bis zu jenem Zeitpunkt, zu dem es uns wieder als sinnvoll erscheint, unser Tun bzw. den Wunsch nach Zugehörigkeit zu einem bestimmten sozialen System infrage zu stellen.

Selbstcoaching bedeutet, immer wieder die persönlichen Denk- und Handlungsstrukturen infrage zu stellen und zu entscheiden, ob wir einzelne Strukturausprägungen beibehalten wollen oder nicht. Warum und bei welcher Gelegenheit aber sollten wir unsere persönlichen Strukturen infrage stellen?

Nun, es ergibt durchaus Sinn, einerseits kontinuierlich Resümee der aktuellen Situation zu ziehen – etwa jede Woche oder jeden Monat. Dabei können wir uns selbst Fragen zur Veränderung unserer persönlichen Struktur stellen (s. Tabelle 10) und anlässlich konkret gemachter Erfahrungen Punkt für Punkt entscheiden, in welchen Bereichen wir andere Denkmuster oder andere Handlungen ausprobieren wollen.

Jedenfalls sollten wir aber unsere persönlichen Denk- und Handlungsstrukturen infrage stellen, wenn wir Veränderungen in einem unserer bestehenden Systeme erleben, z. B. in folgenden Bereichen:

- veränderte Situation bzw. Struktur im Unternehmen
- veränderte Situation bzw. Struktur im eigenen Team
- Übernahme einer neuen Position
- Übernahme neuer Aufgabenbereiche bzw. Verantwortungen
- Hinzukommen oder Weggehen von Teammitgliedern
- Neugestaltung persönlicher Ziele.

Wer die persönlichen Strukturen immer wiederkehrend infrage stellt, prüft stets auch mit seiner inneren Goldwaage, ob das Verhältnis zwischen Geben und Nehmen, zwischen Soll und Haben, zwischen Spaßhaben und Tributzollen noch passend ist. Denn wir haben auch in Bezug auf die Systeme, deren Mitglied wir sind, stets die Wahl, morgen noch dabei zu sein oder ein neues System zu suchen – auch wenn es uns oft nicht leicht fällt, ein System zu verlassen.

8.1 Entstehung und Veränderung persönlicher Strukturen

Fragen zur Erforschung unserer persönlichen Struktur	**Fragen zur Veränderung unserer persönlichen Struktur**
Identität: • Welche kurz-, mittel- und langfristigen Ziele habe ich im Leben/ im Beruf? • Welche Kernkompetenzen, Mission, Annahmen und Glaubenssätze, Werte, Geschichten und Mythen, grammatischen Regeln, Leitprinzipien des persönlichen Handelns, Vision und Strategien habe ich? • Welche davon spiele ich bewusst aus – nutze sie also in meinem derzeitigen Leben?	*Identität:* • In welche Richtung haben sich aktuell meine persönlichen Ziele verändert? • Inwieweit sehe ich diese persönlichen Ziele noch in meinem Unternehmen bzw. Team repräsentiert? • Inwieweit passen meine bestehenden Kernkompetenzen, Mission, Annahmen und Glaubenssätze, Werte, Geschichten und Mythen, grammatischen Regeln, Leitprinzipien des persönlichen Handelns, Vision und Strategien zu meinen aktuellen Zielen?
Prozesse: • Welche Denkprozesse liegen meinem Handeln zugrunde – i. S. v.: „Wie erkläre ich mir die Dinge, sodass ich handle, wie ich derzeit handle?" • Worin unterscheiden sich meine Denkprozesse von jenen der Menschen, die mir wichtig sind? Was kann ich tun, um mich „besser zu erklären", eine „Gebrauchsanweisung" für meine Denkprozesse zu geben? • Wobei unterstützen mich meine derzeitigen Denkprozesse? • Woran hindern mich meine derzeitigen Denkprozesse? • Welche Erfahrungen aus meiner Vergangenheit prägen meine Denkprozesse besonders? • Welche Handlungsmuster habe ich in den letzten Wochen und Monaten erlebt, die ich in Zukunft bewusst forcieren möchte – weil sie mich in der Erreichung meiner Ziele unterstützen? • Welche Handlungsmuster finde ich an mir selbst immer wieder eigenartig bzw. befremdend bzw. störend?	*Prozesse:* • Welche meiner persönlichen Denkprozesse oder Teile von Prozessen möchte ich bewusst infrage stellen bzw. verändern, damit ich meine Ziele (besser) erreiche? • Wo – bei welchen Erfahrungen bzw. Teilstrukturen von Denkprozessen – müsste ich ansetzen, um eine spürbare Veränderung im Denken und Handeln – gemäß meinen aktuellen Zielen – zu schaffen?

8 Hilfreiche Selbstcoachingkonzepte

Entscheidungsstrukturen:
- Wie treffe ich für gewöhnlich Entscheidungen – d. h. nach welchen Kriterien, mit welchen Abläufen, mit welchen inhaltlichen Prioritäten gehe ich vor?

Entscheidungsstrukturen:
- Welche persönlichen Entscheidungsstrukturen erfordern die (neuen) Ziele, die ich habe?
- Welche Entscheidungsstrukturen erfordert die (neue) Struktur meines Teams, Unternehmens? Möchte ich diese leben oder mir ein neues System suchen, das aktuell „besser passt"?

Kommunikationsstrukturen:
- Wie kommuniziere ich mit mir selbst? Welche Sprache verwende ich dafür – eine fordernde, liebevolle, aufmunternde, korrigierende? Höre ich auf mich, meine „innere" bzw. „inneren Stimmen"?
- Wie kommuniziere ich nach außen? Welche Sprache und typischen Worte verwende ich hier? Wie wichtig ist mir die Kommunikation mit meinen KollegInnen, MitarbeiterInnen, Vorgesetzten? Worüber reden wir typischerweise? Welche Form der Kommunikation ist mir hier am angenehmsten?

Kommunikationsstrukturen:
- In welchen Themenbereichen bzw. Entscheidungsbelangen möchte ich kommunikativ anders mit mir selbst umgehen?
- Welche Veränderungen in der Kommunikation mit mir selbst und mit anderen erfordern meine (neuen) Ziele?
- Wie kann ich eine Kommunikationsstruktur für den Austausch mit anderen finden, die nicht nur beziehungsmäßig, sondern auch inhaltlich einen echten Unterschied schafft?

Spielregeln für die operativen Handlungen:
- Welchen intrapersonellen Spielregeln von mir begegne ich im konkreten Handeln immer wieder?
- Über welche Spielregeln „stolpere" ich sogar bisweilen?
- Welche Spielregeln haben sich in meinem bisherigen Leben als sehr hilfreich erwiesen?

Spielregeln für die operativen Handlungen:
- Passen meine persönlichen Spielregeln noch zu meinen aktuellen Zielen?
- In welchen Bereichen und bezüglich welcher Spielregeln bedarf es aktuell einer Veränderung, damit ich meine Ziele erreichen kann?
- Wie kann ich bei dieser Veränderung sicherstellen, dass ich nicht zu viele Ehrenrunden drehe?

Tab. 10: Fragen zur Erforschung bzw. Veränderung unserer persönlichen Struktur

8.2 Ansatzpunkte zur Veränderung unserer Denk- und Handlungsprozesse

Wir müssen anders denken, wenn wir anders handeln wollen. Für die Veränderung unserer Denkprozesse haben wir aus meiner Sicht zumindest drei Möglichkeiten (vgl. Simon 2004a):

- Wir können jenes Erleben, das unseren Denk- und Handlungsprozessen zugrunde liegt, anders *beschreiben* (etwa, dass wir prinzipiell halb volle anstatt halb leere Gläser sehen; dass wir die Möglichkeiten in der aktuellen Situation sehen, anstatt die verpassten Chancen in der Vergangenheit; oder dass wir das beschreiben, was unsere Mitarbeiter gut machen, anstatt das, was sie – noch – nicht können).
- Wir können uns aber auch unser Erleben – die Zusammenhänge in unserem Erleben – anders *erklären*: Wir können uns vernachlässigt fühlen, wenn unser Chef seit einer Woche keinen Kontakt mehr mit uns hatte – oder wir können uns über die Wertschätzung freuen, die er für uns hat, indem er sich auf unser adäquates Handeln verlässt; wir können uns das Fehlen eines Mitarbeiters bei einem Meeting so erklären, dass er keine Lust am anstehenden Thema (oder an uns als Chefs) hat – oder wir überlegen uns, wie wir gemeinsam die operativen Verantwortlichkeiten bei ihm verlagern können, damit er mehr Zeit und Muße hat, auch nachzudenken.
- Und schließlich können wir das, was wir erleben, auch anders *bewerten* – und so den Weg für völlig andere Denk- und Handlungsprozesse bei uns selbst frei machen (etwa, indem wir die Grenzen unseres „autoritären Einfluss-nehmen-Müssens" als Führungskraft bewusst verschieben; oder indem wir davon ausgehen, dass unsere Mitarbeiter entsprechend den ihnen zur Verfügung stehenden Rahmenbedingungen und ihrem Wissens immer sinnvoll handeln).

Und für die Veränderung unserer darauf aufbauenden Handlungsmuster können wir bei jedem einzelnen Schritt ansetzen, der unser persönliches Verhalten betrifft – und jedes andere (also neue) Verhalten von uns wird unseren Gesprächspartnern die Möglichkeit geben, sich ebenfalls wieder anders zu verhalten (siehe Abb. 9). Und dies ist im Prinzip genau das Umgekehrte dessen, was wir in der Praxis meist erleben, wenn wir davon ausgehen, dass wir unser Verhalten bereit sind zu verändern, sobald unser Gegenüber sein Verhalten verändert – nur mit dem kleinen Pferdefuß, dass unser Warten auf eine Verhaltensänderung des anderen auch ewig währen könnte.

Setzen wir jedoch konsequent immer an unserem eigenen Verhalten an, so haben wir gute Chancen, damit über Umwege letztendlich sehr effektiv die Zahl unserer eigenen Handlungsmöglichkeiten zu erhöhen.

Oder, anders ausgedrückt: Wenn wir im Austausch mit einem oder mehreren anderen Menschen ein ganz spezifisches soziales System begründen – mit einer spezifischen gemeinsamen Struktur, die wir irgendwann zusammen erfunden und dann immer wieder erneuert (durch unser Verhalten bekräftigt bzw. verän-

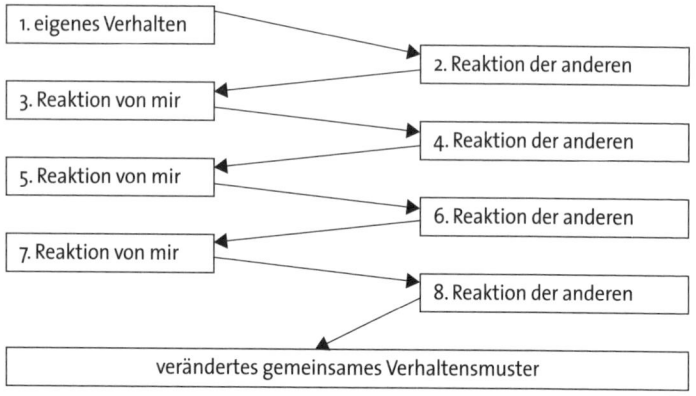

Abb. 9: Interpersonelle Verhaltensmuster

dert) haben –, dann können wir diese gemeinsame Struktur am einfachsten ändern, indem wir bei unserem eigenen Verhalten ansetzen und uns einfach mal „anders verhalten" (de Shazer 2000).

8.3 Die systemische Selbstcoaching-Toolbox

Selbstcoaching muss weder schwierig noch besonders aufwändig sein. Es sollte nur regelmäßig in Form eines Infragestellens bzw. Abwiegens bzw. vielleicht auch einer Veränderung der persönlichen Strukturen stattfinden. Um dies zu erleichtern, habe ich hier eine komplette Selbstcoachingtoolbox zusammengestellt, die dabei hilft, stets in Balance zwischen der persönlichen Struktur und der Struktur des betreffenden sozialen Systems zu sein.

8.3.1 Selbstcoachingtool für die Arbeit an der eigenen Identität
Die innere Goldwaage

Das ist eine Übung, die Sie regelmäßig machen sollten, um in der Balance zwischen innen und außen zu bleiben – etwa jeden Monat: Gehen Sie alle zehn Teilaspekte der Identität ??? durch, und schreiben Sie auf kleine Post-its, welche Ausprägungen Ihnen bezüglich dieser Teilaspekte wichtig sind; z. B. bestimmte Ziele oder eine bestimmte Mission; oder ein Glaubenssatz, auf den Sie in Ihrem Leben nicht verzichten wollen. All diese Post-its legen Sie nun auf die linke Seite Ihres Schreibtisches, die eine Schale der inneren Goldwaage darstellt. Auf die andere Seite legen Sie all das, was Ihnen Ihr Unternehmen aus Ihrer Sicht bietet – wiederum Punkt für Punkt gemäß den zehn Teilaspekten der Identität. Diese legen Sie auf die rechte Seite des Schreibtischs.

Nun beginnt die Auswertung: Wann immer sich links und rechts zwei Paare treffen, können Sie sie weglegen – die je zwei passen zusammen. Wenn sich aber Aussagen zu einem Teilaspekt diametral entgegenstehen, lassen Sie sie in der „Goldwaagenschale" liegen – auch wenn sie Ihnen „klein" erscheinen; und überlegen

Sie, ob angesichts des Ergebnisses insgesamt – Erwartungen und Bekommen – Ihre innere Goldwaage noch ausgeglichen erscheint bzw. was Sie tun können, um Ihre Erwartungen auch auf eine andere Art und Weise befriedigt zu bekommen (im Unternehmen bzw. in der Freizeit).

8.3.2 Tools für das Prozessselbstmanagement
Sandwichperson – Spießrutenlauf

Nehmen Sie einen beliebigen Prozess, der bei Ihnen immer wieder abläuft und den Sie infrage stellen möchten – etwa den Ablauf, bis Sie ein O. K. zu einem Projekt geben; oder den Prozess von einer „Projekterfindung" im Team bis zum konkreten Projektstart. Denken Sie sich nun eine typische Person aus, die diesen Prozess durchläuft – z. B. einen Mitarbeiter von Ihnen. Bereiten Sie nun Post-its vor, und schreiben Sie pro Post-it jeweils einen kleinen Prozessschritt auf, den dieser Mitarbeiter bei Ihnen erlebt, z. B. „Euphorie beim Projektstart", „2 Wochen mindestens keine Rückmeldung", „bei Nachfragen Vertrösten", „Aussendung, die dann Rückmeldung innerhalb eines Tages erfordert" etc. Sammeln Sie diese Post-its, und gehen Sie sie nach dem virtuellen „Durchlaufprozess" nochmals durch: Inwieweit passen die Prozessschritte noch zu Ihren aktuellen Zielen? Bei welchen Prozessschritten wollen bzw. müssen Sie aus Ihrer Sicht Veränderungen schaffen, um Handlungsmuster zu unterbrechen?

Handlungsmuster unterbrechen

Es gibt Handlungsmuster, die wir als erfolgreich ansehen – für diese gilt: „If something works, do more of the same" (Steve de Shazer). Und es gibt Handlungsmuster, die wir als nicht (so) erfolgreich ansehen, genauer: bei denen immer wieder Ergebnisse herauskommen, die wir als nicht (so) gut bewerten.

Diese Handlungsmuster können wir bewusst infrage stellen und neue, alternative Wege im Handlungsablauf entwerfen – anhand der Fragen:

8.3 Die systemische Selbstcoaching-Toolbox

- Welches Ergebnis kommt immer wieder heraus, das Sie in Zukunft nicht mehr erleben wollen? (Schreiben Sie dieses „unerwünschte Ergebnis" des Handlungsmusters *ganz unten* auf ein Blatt auf.)
- Wie beginnt das Muster, wo „der Himmel noch blau ist und die Sonne noch scheint"? (Schreiben Sie ganz oben auf das Blatt, mit welcher Handlung von Ihnen das unerwünschte Handlungsmuster beginnt.)

Schreiben Sie dann nacheinander akribisch jede Handlung von Ihnen und der anderen Beteiligten auf, die dazu führen, dass am Schluss das unerwünschte Ergebnis herauskommt, mit folgenden Fragestellungen:

- Was tun Sie dann, damit am Schluss jedenfalls das unerwünschte Ergebnis herauskommt?
- Und was tun die anderen dann in Reaktion darauf?
- Und was tun Sie wiederum, damit am Schluss ganz bestimmt das unerwünschte Ergebnis herauskommt? Etc.

Rahmen Sie dann rot jene Handlungen ein, die unter Ihrem Einfluss stehen (die Sie verändern *können*). Rahmen Sie danach innerhalb der „roten" Handlungen jene blau ein, die Sie auch verändern *wollen*. Und schließlich schreiben Sie zu jeder „blauen" Handlung alternative Vorgangsweisen von Ihnen auf, die mit hoher Wahrscheinlichkeit nicht zum unerwünschten Ergebnis führen.

8.3.3 Tools für die Optimierung persönlicher Entscheidungsstrukturen

Innere Stimmen
Der Einsatz von „inneren Stimmen" ist in Abschnitt 5.5 im Hinblick auf Detail-Problemschilderung, -Lösungsfokussierung, Lösungsarbeit und Maßnahmen ausführlich beschrieben.

So tun, als ob
Wie sehen „optimale" Entscheidungsabläufe (-strukturen) bei Ihnen aus – wodurch sind sie gekennzeichnet? Schreiben Sie sich diese Kriterien genau auf; und tun Sie in der nächsten Entscheidungssituation, sei es alleine oder in einer Runde bzw. in einem Zweiergespräch, ganz einfach so, als würden Sie Ihre optimalen Entscheidungsabläufe bereits leben – indem Sie alle aufgeschriebenen Kriterien nach bestem Wissen und Gewissen befolgen. Beobachten Sie sich während des Treffens von Entscheidungen genau, und schreiben Sie danach auf, was Sie bereits gut an sich gefunden haben bzw. welche nächsten Schritte Sie planen.

8.3.4 Tools für die Optimierung der persönlichen Kommunikationsstrukturen
Vorgesetztenratschlag
Die meisten Menschen holen „Ratschläge von virtuellen Vorgesetzten" dann ein, wenn sie Probleme lösen, die fachliche oder personelle Entscheidungen im Unternehmen betreffen – Entscheidungen, die später tatsächlich gegenüber dem Vorgesetzten verteidigt werden müssen. Holen Sie sich dafür die Führungskraft Ihrer Wahl „in den Raum": Versuchen Sie, sich vorzustellen, dass Ihr Vorgesetzter (bzw. Ihre Vorgesetzte) nun zur Tür hereinkommt und sich auf den von Ihnen angebotenen Sessel setzt (stellen Sie am besten tatsächlich einen zweiten Sessel zum Tisch). Übernehmen Sie dann die Charakteristika des Vorgesetzten, d. h., setzen

8.3 Die systemische Selbstcoaching-Toolbox

Sie sich nun auf den leeren Stuhl und übernehmen Sie „mit Haut und Haar" seine Charakteristika. Setzen Sie sich so hin wie er, übernehmen Sie die Gestik, die Haltung, die Stimmlage, die Atmung. Üben Sie so lange, bis Sie sich wirklich voll und ganz in die andere Person hineinversetzt haben.

Nehmen Sie nun „als Vorgesetzter" das Papier oder Ihr Konzept – oder was immer es sonst schriftlich gibt – zur Hand, und lesen Sie es durch die Augen Ihres Vorgesetzten. Fragen Sie sich:

- Was würde er darin lesen?
- Was würde ihm gefallen?
- Woran würde er Missfallen finden bzw. bei welchen Punkten Diskussionen beginnen??
- Wie würde er diese Stellen anders formulieren, um Schwierigkeiten – auch nach weiter oben – möglichst zu vermeiden?

Formulieren Sie Ihr Papier so um, dass es inhaltlich gleich bleibt, aber so gestaltet ist, dass es Ihnen keinerlei Probleme beim darauf folgenden „echten" Gespräch verursacht.

Kommunikationsmuster-Transfer

Gibt es eine Person im betreffenden System, mit der Ihre Kommunikation optimal klappt – genau so, wie Sie es sich wünschen? Das macht doch Ihre gemeinsamen Aufgaben bedeutend leichter. Nehmen Sie dieses mustergültige Beispiel von Kommunikationsstruktur einmal genauer unter die Lupe:

- Welches sind die Erfolgsfaktoren in dieser Kommunikationsstruktur?
- Was tun Sie hier, was Sie woanders nicht oder nicht auf diese Weise tun?

Genau diese Erfolgsfaktoren übertragen Sie nun auf andere Menschen in Ihrem System: Und Sie tun so, als ob diese anderen

Menschen – bei denen es vielleicht nicht so klappt – genau der eine Mensch wären, bei dem es optimal funktioniert. Während Sie dieses Experiment zunächst durchdenken und dann auch praktisch umsetzen, beobachten Sie sich selbst:

- Wo ergeben sich schon Verbesserungen?
- Und was können Sie aus jeder einzelnen kleinen Verbesserung für andere Situationen – verallgemeinert – lernen?
- Sie können natürlich auch in jeder Situation bewusst denken: Wie würde ich mich jetzt gegenüber der „optimalen" Person verhalten? Wie würde ich mit ihr reden? Und angenommen, ich würde genau das jetzt bei dieser Person anwenden: Was könnte dann insgesamt anders werden?

8.3.5 Selbstcoachingtools für die Arbeit an den persönlichen „Spielregeln"
Metabeobachtung

Das ist eine Übung, die Sie in jedem Gespräch, in jedem Teammeeting, während jeder Verhandlung praktizieren können.

Schreiben Sie sich – während inhaltlich diskutiert wird, bestimmte Handlungsmuster ablaufen und Ergebnisse erarbeitet werden – kontinuierlich auf, welche Spielregeln *von Ihrer Seite* hier pausenlos „mitlaufen", indem sie ganz einfach unausgesprochen gelten; Spielregeln, die entweder Sie mit Ihren Handlungen ganz einfach einfordern oder deren Befolgung Sie weitergelten lassen, indem Sie keinen Einspruch erheben. Solche Spielregeln könnten etwa sein: „Wenn der Teamleiter spricht, haben alle anderen nichts mehr zu sagen"; „Diese oder jene Kriterien sind Killerargumente, die jede Diskussion beenden"; „Wer sich durchsetzen möchte, wird lauter"; „Wer sich durchsetzen möchte, sagt lange Zeit nichts und nimmt sich dann das letzte Wort".

Überlegen Sie sich dann jeweils nach dem Gespräch oder Meeting oder auch einmal pro Woche, welche der gelebten Spielregeln nicht (mehr) zu Ihren Zielen und/oder Ihrer präferierten Identität

8.3 Die systemische Selbstcoaching-Toolbox

passen und wie Sie diese bewusst ansprechen und durch andere ersetzen können.

Konfliktselbstcoaching

Die einfachste Möglichkeit, an Konflikten zu arbeiten, besteht darin, sie im Selbstmanagement zu lösen – also ganz einfach selbst für den Konflikt andere Spielregeln zu erarbeiten und umzusetzen und dies dann auch einfach zu tun.

Stellen Sie dafür so viele Stühle auf, wie Menschen am Konflikt beteiligt sind. Ist z. B. eine große und homogene Gruppe am Konflikt beteiligt und spricht meist mit einer Stimme, so kann für diese Gruppe insgesamt ein einziger Stuhl reserviert werden. Versehen Sie die Stühle mit Post-its, auf denen der Name der Beteiligten steht.

Nehmen Sie nun auf dem Stuhl jener Person bzw. Personengruppe Platz, die am wenigsten am Konflikt beteiligt ist, und lassen Sie sie darüber sprechen:

- wie es ihr geht
- welche Ziele zu erreichen ihr wichtig sind
- und wo sie auf einer Skala von 0 bis 10 (wenn 0 = die Ziele sind überhaupt nicht erreicht und 10 = die eigenen Ziele sind optimal erreicht) gerade jetzt steht.

Führen Sie dann das gleiche Procedere mit allen anderen beteiligten Personen und Personengruppen durch. Wichtig ist, dass Sie sich immer auf den betreffenden Stuhl setzen. Zum Schluss setzen Sie sich auf den für Sie selbst reservierten Stuhl und beantworten die gleichen Fragen auch für sich.

Wenn Sie alle Personen durchgegangen sind, beantworten Sie auf Ihrem eigenen Stuhl für sich nacheinander die drei Fragen:

- Was tue ich anders, wenn alle Beteiligten auf der oben beschriebenen Skala um einen Punkt höher stehen?

- Und wenn ich das tue, was tun die anderen dann anders (setzen Sie sich für die Antworten jeweils auf die verschiedenen Stühle)?
- Und wenn die anderen das tun, was bewirkt das bei meinem Verhalten (setzen Sie sich wieder in Ihren eigenen Stuhl)?

Und zum Schluss die Frage: Welche Maßnahmen setzen Sie nun?

Literatur

Bartels, O. (2006): Personalauswahl im Interrelations-Center. *Lernende Organisation* 29 (1): 8–29.
Bateson, G. (1972): Ökologie des Geistes. Frankfurt/M. (Suhrkamp).
Foerster, H. von (1993): KybernEthik. Berlin (Merve).
Foerster, H. von u. M. Bröcker (2002): Teil der Welt – Fraktale einer Ethik. Heidelberg (Carl-Auer).
Glasersfeld, E. von (1996): Radikaler Konstruktivismus. Frankfurt a. M. (Suhrkamp).
Maturana, H. R. u. P. Bunnell (2001a): Die Fehlerkultur als Grundlage des Lernens. *Lernende Organisation* 4 (6): 32–38.
Maturana, H. R. u. P. Bunnell (2001b): Reflexion, Selbstverantwortung und Freiheit: Noch sind wir keine Roboter. *Lernende Organisation* 2 (4): 36–42.
Maturana, H. R. u. M. Pörksen (2003): Vom Sein zum Tun. Heidelberg (Carl-Auer).
Maturana, H. R. u. F. Varela (1987): Der Baum der Erkenntnis. Bern/München (Scherz).
Piaget, J. (1976): Piaget´s theory. In: B. Inhelder a. H. H. Chipman (eds.): Piaget and his school. New York/Heidelberg/Berlin (Springer).
Radatz, S. (2000): Beratung ohne Ratschlag. Wien (Verlag für Systemisches Management), 4. Aufl. 2006.
Radatz, S. (2003): Evolutionäres Management. Wien (Verlag für Systemisches Management).
Radatz, S. (2006): Leadership unter einem neuen Stern. *Lernende Organisation* 26 (4): 38–51.
Radatz, S. (i. Vorb.): Net works. Wien (Verlag für Systemisches Management).
Radatz, S. (2005): Change the way doing change. Wien (Verlag für Systemisches Management).
Schmidt, Gunther (2005): Einführung in die hypnosystemische Therapie und Beratung. Heidelberg (Carl-Auer).
Schulz von Thun, F. (1998): Miteinander reden 3. Reinbek (Rowohlt).

Selvini, Matteo (Hrsg.) (1992): Mara Selvinis Revolutionen. Die Entstehung des Mailänder Modells. Heidelberg (Carl-Auer).
Selvini Palazzoli, Mara, L. Boscolo, G. Cecchin und G. Prata (1975): Paradoxon und Gegenparadoxon. Stuttgart (Klett).
Shazer, S. de (1994): Worte waren ursprünglich Zauber. Dortmund (modernes lernen).
Simon, F. B. (2004a): Gemeinsam sind wir blöd!? Die Intelligenz von Unternehmen, Managern und Märkten. Heidelberg (Carl-Auer), 2. Aufl. 2006.
Simon, F. B. (2004b): Zirkuläres Fragen. Systemische Therapie in Fallbeispielen. Ein Lernbuch. Heidelberg (Carl-Auer), 6. Aufl.
Watzlawick, P. (1976): Wie wirklich ist die Wirklichkeit? München (Piper).
Winter, W. (1999): Theorie des Beobachters. München (Verlag neue Wissenschaft).

Über die Autorin

Sonja Radatz, Universitätslektorin, Coach, Prozessberaterin in Organisationen und Teams; Leiterin des Instituts für systemisches Coaching und Training in Wien und Hamburg. Autorin bzw. Herausgeberin mehrerer Bücher sowie der Zeitschrift *Lernende Organisation*. 2003 wurde ihr der Deutsche Preis für Gesellschafts- und Organisationskybernetik verliehen.

Gabriele Müller | Kay Hoffman

Systemisches Coaching

Handbuch für die Beraterpraxis

252 Seiten, Gb, 2. Aufl. 2003
ISBN 10: 3-89670-270-X
ISBN 13: 3-978-89670-270-8

Dieses Handbuch stellt das theoretische und praktische Rüstzeug für ein systemisches Vorgehen im Coachingprozess bereit. Von A wie „Absicht" „bis Z wie „Ziele" behandeln Gabriele Müller und Kay Hoffman bedeutsame Stichworte aus dem Coachingalltag. Anhand zentraler Fragen aus der Beratungspraxis erläutern sie systemische Coachingtechniken und Managementstrategien. Abgerundet werden die Einträge durch Zitate und Aphorismen zum jeweiligen Stichwort.

„Das Buch bietet nützliche Impulse für den Berateralltag."
ManagerSeminare

www.carl-auer.de

Fritz B. Simon

Einführung in Systemtheorie und Konstruktivismus

120 Seiten, Kt, 2006
ISBN 10: 3-89670-547-4
ISBN 13: 3-978-89670-547-1

Systemtheorie und Konstruktivismus sind zwei eng miteinander verbundene Theorierichtungen, die heute für unterschiedliche soziale Praxisfelder zentrale Bedeutung gewonnen haben: Psychotherapie und Familientherapie, Pädagogik, Organisationsberatung, Management, Politik u. v. a.

In dieser Einführung werden unterschiedliche Theoriestränge, die teils in den Naturwissenschaften, teils in den Sozial- und Geisteswissenschaften entwickelt wurden, so aufbereitet, dass neben ihrem historischen Kontext ihre Gemeinsamkeiten und Unterschiede, ihre innere Logik, vor allem aber ihre Konsequenzen für den Praktiker deutlich werden. Das Spektrum reicht von den Anfängen der Kybernetik und Systemtheorie über die Chaos- und Komplexitätstheorie bis zur Theorie autopoietischer Systeme und zur neueren soziologischen Systemtheorie.

Als Leser bekommt man so eine kompakte und konsistente theoretische Basis für sein Handeln in einer nicht berechenbaren Umwelt, die hilft, mit den Unsicherheiten, wie sie in einer komplexen Welt unvermeidlich sind, umzugehen.

www.carl-auer.de

Gunther Schmidt

Einführung in die hypnosystemische Therapie und Beratung

128 Seiten, Kt, 2005
ISBN 10: 3-89670-470-2
ISBN 13: 3-978-89670-470-2

Der hypnosystemische Ansatz vereinigt Konzepte der systemischen Therapie und der Hypnotherapie nach Milton H. Erickson. Im Zentrum steht die Orientierung auf Kompetenzen, Ressourcen und Lösungen hin. Der Vorzug gegenüber anderen Verfahren besteht vor allem darin, dass sich Therapien bzw. Beratungen flexibler und wirksamer auf den jeweiligen Klienten bzw. das Klientensystem ausrichten lassen. Hypnosystemische Interventionen erlauben umgehende und dabei nachhaltige Veränderungen auch bei Problemen, die als hartnäckig oder chronifiziert gelten. Sie sind damit ein echte Alternative zu zeit- und kostenintensiveren Methoden.

Gunther Schmidt, der Begründer dieser Therapierichtung in Deutschland, stellt in dieser Einführung kompakt, übersichtlich und dabei detailliert die Grundlagen, Besonderheiten und Anwendungsbereiche der hypnosystemischen Therapie und Beratung vor. Nicht zuletzt durch die Beispiele aus der Praxis eröffnet das Buch Therapeuten und Beratern neue, effektivere und ökonomischere Handlungsmöglichkeiten.

www.carl-auer.de